图1　华艳

图2　中莓1号

图3　中莓2号

图4　中莓3号

图5　京藏香

图6　红袖添香

图7　京御香

图8　京怡香

1

图9 京醇香

图10 京泉香

图11 京留香

图12 京承香

图13 京桃香

图14 粉红公主

图15 白雪公主

图16 艳丽

图17 越丽

图18 越心

图19 宁玉

图20 久香

图21 太空2008

图22 红颜

图23 章姬

图24 丰香

图25 隋珠

图26 桃熏

图27 佐贺清香

图28 甜查理

图29 圣诞红

图30 甘露

图31 草莓灰霉病感病花蕾

图32 草莓灰霉病感病果实

图33 草莓叶片感染白粉病

图34 草莓果实感染白粉病

图35 草莓花期白粉病

图36 草莓白粉病后期

图37　炭疽病感病植株匍匐茎　　　　图38　炭疽病感病植株茎部纵切面

图39　炭疽病感病植株茎部横切面　　　图40　炭疽病感病植株叶片

图41　炭疽病感病果实

图42　草莓枯萎病植株表现

图43　草莓枯萎病感病植株

图44　草莓枯萎病叶片症状

图45　草莓枯萎病茎部纵切面

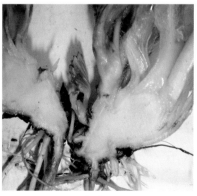

图46　正常苗茎部纵切面

图47　正常与枯萎纵切面对比

图48　"V"形褐斑病发病症状

图49　草莓蛇眼病

图50　疫病

图51　螨虫为害叶片

图52　蚜虫为害花序

图53 红蜘蛛为害前期

图54 红蜘蛛为害后期

图55 胞囊线虫为害根部

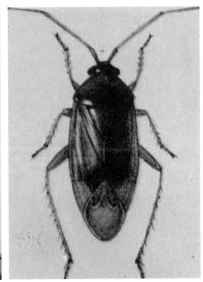

图56 绿盲蝽

图57　蓟马为害叶片

图58　蓟马为害果实

图59　育苗田蓟马为害症状

图60　蛞蝓

图61　蛞蝓为害草莓果

图62　斜纹夜蛾为害花蕾

图63 蛴螬

图64 地老虎

图65 蝼蛄

图66　草莓叶片缺钙症状

图67　缺钙缺镁混发症

图68　缺钙引起花蕾吐水

图69　缺钙引发裂果

图70　缺钙引起生理吐水返盐症状

图71　缺钙引起叶缘褐枯

图72　缺钙裂果在高温高湿情况下
　　　引起曲霉菌感染

图73　草莓缺钾A

图74　草莓缺钾B

图75　草莓缺钾C

图76　草莓缺钾D

图77　草莓缺磷A

图78　草莓缺磷B

图79　草莓缺磷C

图80　草莓缺磷D

图81　草莓缺镁A

图82　草莓缺镁B

图83　草莓缺镁C

图84　草莓缺镁D

图85　草莓缺硼A

图86　草莓缺硼B

图87　草莓缺硼C

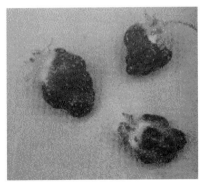

图88　草莓缺硼D

图89　草莓缺铁A

图90　草莓缺铁B

图91　草莓缺铁C

图92　草莓缺铁D

图93　缺铁黄化苗

图94　叶片缺氮症状

图95　叶片缺锌症状

图96　叶片缺硫症状

图97　细菌性茎腐烂A

图98　细菌性茎腐烂B

图99　细菌性茎腐烂C

图100　细菌性茎腐烂D

图101　草莓畸形果

图102　草莓冻害

图103　低温危害

图104　赤霉素过量造成的花序
过度伸长

图105　高温导致花粉败育

图106　低温高湿引起细菌果腐病

图107　草莓低温百草枯漂移药害

图108　草莓青枯

图109　草莓芽枯

图110　日本枥木式高架栽培模式

图111　双层架式栽培

图112　"A"型栽培架栽培

图113　日光温室

图114　塑料大棚

图115　太阳能高温消毒

图116　硫磺熏蒸防治病害

图117　精准可调施肥泵

图118　施用二氧化碳气肥

图119　棚室放置蜂箱

图120 蜜蜂授粉

图121 水肥一体化设备

图122 脱毒组培

图123 脱毒原原种苗

图124　苗床假植育苗

图125　草莓设施避雨育苗

图126　健壮草莓生产苗

图127　套袋高档草莓生产

水果优质高产高效生产实用技术丛书

# 草莓高效栽培与
# 病虫害识别图谱

中国农业科学院郑州果树研究所
中国农业科学院东海综合试验站　组织编写

赵 霞　周厚成　李亮杰　等 编著

中国农业科学技术出版社

# 图书在版编目（CIP）数据

草莓高效栽培与病虫害识别图谱／赵霞等编著.—北京：中国农业科学技术出版社，2017.10

ISBN 978 - 7 - 5116 - 3168 - 8

Ⅰ.①草… Ⅱ.①赵… Ⅲ.①草莓 - 果树园艺②草莓 - 病虫害防治 - 图谱 Ⅳ.①S668.4②S436.68 - 64

中国版本图书馆 CIP 数据核字（2017）第 159806 号

| | |
|---|---|
| **责任编辑** | 崔改泵 |
| **责任校对** | 马广洋 |

| | |
|---|---|
| **出 版 者** | 中国农业科学技术出版社 |
| | 北京市中关村南大街 12 号　邮编：100081 |
| **电　　话** | （010）82109194（编辑室）　（010）82109702（发行部） |
| | （010）82109709（读者服务部） |
| **传　　真** | （010）82106624 |
| **网　　址** | http：//www.castp.cn |
| **经 销 者** | 各地新华书店 |
| **印 刷 者** | 北京富泰印刷有限责任公司 |
| **开　　本** | 850mm ×1 168mm　1/32 |
| **印　　张** | 5.625　彩插 22 面 |
| **字　　数** | 155 千字 |
| **版　　次** | 2017 年 10 月第 1 版　2017 年 10 月第 1 次印刷 |
| **定　　价** | 25.00 元 |

# 《草莓高效栽培与病虫害识别图谱》
## 编著名单

编写单位：中国农业科学院郑州果树研究所

中国农业科学院东海综合试验站

编 著 者：赵　霞　周厚成　李亮杰　彭　卓

李　刚　秦　豹　任向荣

# 前　言

我国草莓栽培面积、产量和消费量均居世界第一位，已成为草莓生产大国，正逐步形成"小草莓—高效益—大产业"的生产格局。草莓适应性广，全国各省市自治区均有栽培，从南方的露地栽培到北方的半促成栽培、促成栽培、抑制栽培以及夏秋草莓生产等多种栽培形式，基本上形成了鲜果周年供应。

近年来，中国草莓种植技术取得了很大进步，单位面积产量、经济效益都得到了显著提高。由于一些优良品种的引种和配套栽培技术的应用，产出的草莓外观诱人、口味香甜，使消费者对草莓的认识也发生了很大改变，自采已成为一种时尚，各地大量涌现出以观光采摘为主题的草莓园，草莓与生活、草莓与健康、草莓与科技已深入融合。"草莓，让生活更甜美"！

但是，随着草莓种植面积的扩大，草莓生产者所面临的问题也日益增多，主要表现在品种更新速度慢，特别是国产自育优良品种的推广滞后，同时，栽培技术水平仍需提升。为了帮助种植户解决生产中遇到的实际问题，取得较好的经济效益，我们编写了这本书籍，主要介绍草莓生物学特性、草莓生产对环境条件的要求、草莓建园技术、草莓优良品种、草莓苗繁育技术、草莓设施栽培技术、草莓病虫草害防治技术等。为加大国产自育品种的推广应用，本书还详细介绍了近年来我国各育种单位培育的最新品种的特征特性。

本书在编写过程中得到了草莓同行专家的支持，特别感谢北京市农林科学院林业果树研究所张运涛研究员、江苏省农业科学院园艺研究所赵密珍研究员、浙江省农业科学院园艺研究所蒋桂华研究员、上海市农业科学院林木果树研究所高清华研究员等提供的各自

1

培育的草莓新品种图片与介绍。另外，文中部分引用了专家学者的研究成果，没有在文中和参考文献部分一一进行标注，敬请谅解并表示衷心感谢！由于编者水平所限，书中难免出现错误和不足之处，敬请读者批评指正！

编者

2017 年 5 月

# 目　　录

# 第一章　草莓生物学特性及物候期

## 一、草莓生物学特性

草莓属于蔷薇科 *Rosaceae* 草莓属 *Fragaria*，是多年生常绿草本植物，园艺学分类上属于浆果类果树。草莓植株矮小，株高一般20~30厘米，呈半匍匐状或直立丛状生长。一棵完整的草莓植株由根、茎、叶、花、果实、种子等器官组成（图1-1）。其中茎又由新茎、根状茎和匍匐茎组成。

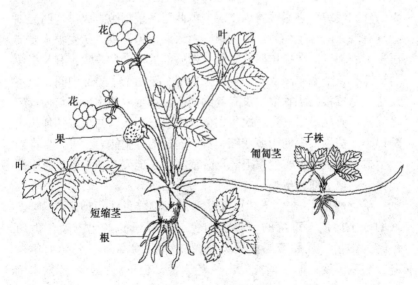

图1-1　草莓植株形态

## (一) 根

草莓根系是由不定根组成的须根系，着生在短缩茎上，主要分布在表层土壤中，具有固定草莓植株，从土壤中吸收水分、养分供植株生长利用的功能，所以说根系生长的好坏直接关系到草莓的产量和品质。

1. 根的组成和分布

草莓植株的根系属茎源根系，由短缩茎上发生的初生根及初生根上发出的侧生根组成。一般健壮的植株可发出 20~50 条初生根，多的可发出 100 条以上。初生根直径为 1~1.5 毫米，初生根上生长着无数条侧生根。草莓根的构造由表皮、皮层和维管束三部分组成。表皮仅由一层细胞组成，排列紧密，主要对根起保护作用。皮层由薄壁细胞组成，其细胞排列疏松，细胞壁薄。皮层内的结构为维管束，它由中柱鞘、木质部和韧皮部三部分组成。中柱鞘是维管束的外围组织，它紧接着内皮层，由两层薄壁细胞组成。这两层细胞具有潜在的分生能力，细侧根则由该层组织发生。初生根木质部居于中心部位。在横切面上，整个木质部的轮廓呈芒状，有 5 个棱角，即有 5 个木质部束。初生根韧皮部位于两个木质部中间，较不发达。草莓根的维管束中没有髓的构造，草莓根的木质部与韧皮部之间的形成层极不发达，次生根生长不明显，所以初生根的加粗生长很小。初生根中柱鞘薄壁细胞具有潜在的分生能力，可产生许多侧生根，侧生根上密生根毛。草莓依靠这一庞大的须根系吸收水分和养分供地上部分生长。

草莓的根系在土壤中分布很浅，一般分布在距地表 20 厘米深的表土层内。草莓的新根为白色，随着根的老化，颜色由白色转为褐色，最后变黑枯死。草莓初生根的寿命一般为 1 年左右，初生根变褐时，尚能发出一些侧根，变黑时，就不能发出侧根了。

2. 根系的生长动态

草莓植株根系 1 年内有 2～3 次生长高峰。早春当气温上升到 5℃或 10 厘米深的土层地温稳定在 12℃时，根系开始生长，此时主要是上一年秋季发出的白色越冬根进行延长生长。根系生长要比地上部生长早 10 天左右。以后随着气温的回升，地上部分花序开始显露，地下部分逐渐发出新根，越冬根的延长生长渐止。当 10 厘米土层地温稳定在 13～15℃时，根系的生长达到第 1 次高峰。随着草莓植株开花和幼果膨大，根的生长缓慢。有些新根从顶部开始枯萎，变成褐色，甚至死亡。直到 7 月上中旬，正值高温和长日照，此时有利于草莓的营养生长，在草莓的腋芽处会萌发大量的葡匐茎，新茎基部也会产生许多新根系，根系生长进入第 2 次高峰。9 月下旬至越冬前，由于叶片养分回流运转及土温降低，营养大量积累并贮藏于根状茎内，根系生长形成第 3 次高峰。在有些地区由于 7—8 月地温过高，根系只有 4—6 月和 9—10 月两次生长高峰。

3. 根系生长与地上部的关系

根系与地上部的生长高峰大致呈相反趋势。萌芽至初花期，地上部分生长缓慢，地下部分越冬根的延长生长迅速，新根大量发生。随着地上部分的展叶、开花与坐果，地上部分对水分和养分的需求增加，根系生长缓慢。到果实膨大期，部分根会枯竭死亡。秋季至初冬，由于叶片养分的回流运转，地上部分生长缓慢，根系生长再度出现高峰。据试验统计，根系发育与植株坐果数密切相关。植株上坐果越多，根量越少，根系与果实之间存在着养分的竞争。

（二）茎

草莓的茎分新茎（图 1 - 2）、根状茎、葡匐茎 3 种。

1. 新茎

草莓植株的中心生长轴为一短缩茎，当年萌发的短缩茎叫新茎。新茎呈弓背形，花序均发生在弓背方向，栽植时根据这一特性确定定植方向。新茎上密生多节，节间较短，其加长生长缓慢，每

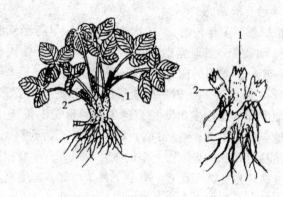

**图1-2　草莓的新茎及分枝**

1. 新茎；2. 新茎分枝

处只生长0.5厘米左右，加粗生长旺盛。从新茎的解剖结构来看，其表皮细胞排列整齐，输导组织发达，射线和导管相间排列，纤维细胞多，髓部大，有多层大的薄壁细胞。这些特点有利于营养物质的纵向和横向输导以及贮藏。草莓新茎上轮生着具有叶柄的叶片，叶腋处有腋芽。腋芽具有早熟性，温度高时萌发成匍匐茎，温度较低时，萌发成新茎分枝。有的不萌发成为隐芽。当地上部分受损伤时，隐芽萌发成新茎分枝或匍匐茎。新茎的顶芽到秋季可形成混合花芽，成为主茎上的第一花序。

新茎分枝的形态与新茎相同，茎短缩，上部轮生叶片，基部发生不定根，新茎分枝的多少，品种间差别很大。新茎分枝可用来做繁殖材料繁殖幼苗，但由于其生活力弱，根系不发达，一般只在秧苗短缺及匍匐茎少的品种上应用。

2. 根状茎

草莓多年生的短缩茎叫根状茎。在第2年，当新茎上的叶全部枯死脱落后，变成形似根的根状茎，它是一种具有节和年轮的地下茎，是贮藏营养物质的器官。2年生的根状茎，常在新茎基部发生大量不定根。3年以上的根状茎分生组织不发达，极少发生不定根，并从下部向上逐渐衰亡。从外观形态上看，先变褐色，再转变为黑色，其上根系随着死亡。因此，根状茎越老，其地上部及根系生长越差。

3. 匍匐茎

草莓匍匐茎（图1-3）是由新茎的腋芽萌发形成的特殊的地上茎，茎细，节间长，它具有繁殖能力。草莓的匍匐茎一般在坐果后期开始抽生，在花序下部的新茎叶腋处先产生叶片，然后出现第1个匍匐茎，开始向上生长，长到叶面高度时，逐渐垂向株丛少而光照充足的地方，沿着地面匍匐生长。多数品种的匍匐茎，首先在第2节处向上发出新叶，向下形成不定根。如果土壤湿润，不定根向下扎入土中后，即长成一株匍匐茎苗。一般在2~3周子苗即可独立成活，随后在第4、第6、第8……等偶数节上发出匍匐茎苗。

图1-3 匍匐茎和匍匐茎苗
1. 母株；2. 匍匐茎；3. 匍匐茎苗

## （三）芽

草莓的芽可分为顶芽和腋芽。顶芽着生在新茎顶端，向上长出叶片和延伸新茎，当日平均气温降到20℃左右，且每天的日照时间在12小时左右，草莓开始由营养生长转为生殖生长，花芽开始分化，这个过程一直持续到日平均气温低于5℃时。腋芽着生在新茎叶腋里，具有早熟性。

## （四）叶

草莓的叶为三出复叶，叶柄细长，一般10~25厘米，叶柄上多生茸毛，叶柄基部与新茎相连的部分有对生的两片托叶，有些品种叶柄中下部有两个耳叶，叶柄顶端着生3个小叶，两边小叶对称，中间小叶形状规则，有圆形（长宽基本相等）、椭圆形（长比宽大）、长椭圆形（长明显大于宽）、菱形（叶边缘中部有明显的角，尖部叶缘直）等形状，颜色由黄绿色到蓝绿色，叶缘有锯齿，缺刻数为12~24个。一般从坐果到采果前叶片形状比较典型，能充分反映其品种特性。

从叶的解剖结构看，叶柄组织的纵向输导组织发达，木质部导管多于韧皮部导管，有利于水分输导。叶片由上表皮、下表皮及叶肉组成，表皮上有表皮毛和气孔。叶肉上表皮处有栅栏组织，有许多叶绿体分布其中，栅栏组织下为海绵组织，细胞间隙较大，在气孔内有较大的孔下室。叶片具有三大作用，即蒸腾作用、呼吸作用和光合作用。蒸腾作用可以调节占植物体90%的水分，在植物体内保持平稳和运转。

草莓的叶片呈螺旋状排列在节间极短的新茎上，为2/5叶序，新叶开始由3片卷叠在一起。一般1年长出20~30个复叶。在20℃条件下，一般每隔8~10天长出1片新叶，新叶展开后约2周达到成龄叶，约30天达到最大叶面积，其寿命平均60~80天，其中有效叶龄为30~60天。秋季长出的叶片，有些寿命可维持200

天左右。生长期间，每株草莓有 6~8 片功能叶，从心叶向外数到第 3 至第 5 片叶光合效率最高。第 7 片以外的叶，叶龄超过 60 天，光合效率明显下降。生产上，在开花结果期要维持一定数量的功能叶，并定期摘除老叶、病叶，以减少养分消耗和病害的传播。

## （五）花

1. 草莓花及花序构造（图 1-4）

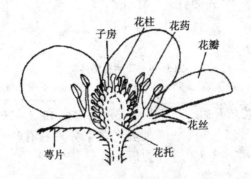

图 1-4　草莓花的构造

大多数草莓品种的花为完全花，自花能结实。草莓的完全花由花柄、花托、萼片、花瓣、雄蕊和雌蕊几部分组成。花托是花柄顶端的膨大部分，呈圆锥形，肉质化，其上着生萼片、花瓣、雄蕊、雌蕊。花瓣白色，5~6 枚，萼片 10 枚以上，依品种不同萼片有向内或向外翻卷的特性。雄蕊 30~40 个，花药纵裂，雌蕊有 200~400 个，离生，呈螺旋状整齐地排列在凸起的花托上。

草莓的花序多为二歧聚伞花序（图 1-5）。花轴顶端发育成花后停止生长，为一级序花；在这朵花苞间生出两等长的花柄，形成二级序花。依次类推，形成三级序花、四级序花。

2. 开花授粉

当外界温度在 10℃ 以上时，草莓开始开花。开花时首先是萼片绽开，花瓣同时展开，然后开裂花药落在雌蕊柱头上，此期的温

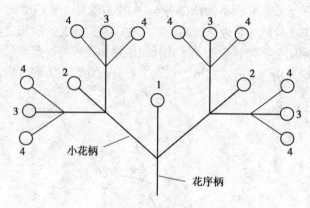

**图 1 - 5　草莓各级序花**

1. 第一级序花；2. 第二级序花；3. 第三级序花；4. 第四级序花

度直接影响花药开裂，花药开裂的适宜温度 13.8 ~ 20.6℃，花粉发芽适宜温度 25 ~ 30℃，花期湿度在 40% 左右有利于花粉发芽。花粉在开花后 2 ~ 3 天内生命力最强。

## （六）果实

### 1. 果实的形态与构造

草莓的果实是由花托膨大形成的，在植物学上叫聚合果，栽培上叫浆果。果实由外部的皮层和内部的肉质髓组成。髓部有维管束与嵌在皮层中的种子相连。成熟的草莓果实颜色由橙红到深红，果肉颜色多为白色、橙红或红色。果实的形状有球形、扁球形、短圆锥形、圆锥形、长圆锥形、短楔形、楔形、长楔形、纺锤形等。

### 2. 果实发育

果实由细胞分裂使细胞数增加和细胞本身的膨大而形成。草莓果实细胞分裂时期是从花蕾期到开花或谢花期，分裂盛期在开花期。谢花以后，细胞数目的增加幅度稳缓且减少，没有再分裂增殖迹象，以后草莓果实主要依靠细胞体积的膨大而生长。

从果实的外部生长看，草莓开花后的 15 天，生长比较缓慢；

在此之后的 10 天内果实急剧膨大，平均每天增重 2 克左右，而后再次缓慢生长，直至开花后的 32 天开始进入成熟期，生长亦告停止。草莓果实的生长周期呈典型的 "S" 形。

3. 影响果实发育的环境因子

（1）温度。果实发育受温度影响较大。温度低，从开花到成熟所需时间长，果个大；温度高，果实发育时间短，果小早熟。昼夜温差也是影响果实发育的因素，昼夜温差大，光合产物积累多，呼吸消耗少，形成果个大、品质好的果实。

（2）光照。果实发育需要充足的光照。光照充足，光合作用旺盛，同化效率高，碳水化合物向果实供应较多，果实迅速膨大，促进果实发育。在果实成熟期如遇阴雨天气，果实中糖分的含量和维生素 C 含量会明显降低，影响果实的品质。

（3）土壤水分。草莓鲜果中水分含量一般在 88% ~ 93%，土壤水分充足，果实膨大快，果面光滑有光泽，果实柔软多汁，品质好。水分不足，果实干瘪无光，皱缩，果个小。

4. 草莓异常果

（1）草莓畸形果。果实过肥、过瘦，呈现鸡冠状、扁平状或凹凸不整等形状。草莓异常果产生原因：第一，品种本身花粉发芽力的强弱存在差异，发芽力弱的品种形成畸形果比例高。第二，开花授粉期温度不适，光线不足，湿度过大等因素导致花粉稔性差，影响授粉受精。第三，开花期喷洒农药，对花粉发芽有不同程度的影响。

（2）生理性白果。浆果成熟期不能正常着色，全部或部分果面呈白色，白色部分种子周围有一圈红色，病果味淡、质软、果肉呈杂色、粉红色或白色。

产生原因：低光照，氮肥施用过多及果实中含糖量低是引起白果病的主要原因。

### （七）种子

草莓的种子呈螺旋状排列在果肉上，在植物学上称为瘦果。种子长圆形，为黄色或黄绿色。不同品种种子在浆果表面上嵌生深度也不一样，或与果面平，或凸出果面，种子凸出果面的品种一般耐贮运。一般而言，浆果上种子越多，分布越均匀，果实发育越好。如果浆果某一侧种子发育不良，就会导致浆果畸形。

草莓种子的发芽力一般为 2~3 年。生产上一般不用种子繁殖，主要是由于种子繁殖成苗率低，后代性状分离严重，难以保持母株原有的优良性状。种子繁殖仅用于杂交育种、远距离引种或某些难于获得营养苗的品种。

## 二、草莓物候期

在 1 年中，草莓植株的生长发育随着季节性变化，其外部形态和内部生理生化特性也发生显著变化，并且每一时期的生长发育有其侧重点，这种与季节性变化相吻合的时期称为物候期。草莓的物候期可分为生长期和休眠期。生长期是指从春季生长开始到秋季休眠时结束。休眠期是指秋季草莓休眠开始到来年萌芽为止。草莓的主要物候期有如下几个时期。

### （一）营养旺盛生长期

草莓果实采收后，一般 6—9 月，在长日照和高温条件下，植株开始旺盛的营养生长，腋芽萌发产生大量的匍匐茎，并按一定顺序向上长叶，向下扎根，形成新的幼苗，少数腋芽形成新茎分枝，新茎基部相继发根成苗。此时是育苗的主要季节。匍匐茎苗扎根后生长迅速，叶片数目不断增多，根系进入第 2 次生长高峰。在炎热的夏季，匍匐茎生长缓慢，需通过喷水、遮阴、帮助幼苗越夏进入秋季。在营养旺盛生长期，生产上常用断根、假植、盆钵育苗等方法来提高幼苗的质量。

### （二）花芽分化期

草莓经过旺盛生长后，在秋季开始花芽分化，一般在较低温度（平均气温 23～24℃）和短日照（日照 12.5～13.5 小时）的条件下经 10～15 天的诱导开始花芽分化。低温对形成花芽的影响较短日照更为重要。过低温度（5℃以下）会使花芽分化停止。过高温度（27℃以上）花芽分化不能进行。一季性草莓品种顶花芽开始分化的时间（依品种、地区不同而不同）一般为 8 月下旬至 9 月下旬，而第 2 花序（侧花芽）的花芽分化是在顶花芽分化完成后的 25～30 天才开始，就顶花序而言，从开始分化到花器官形成需要 1 个月左右的时间，自然条件下从顶花序开始分化到第 4 花序分化完成需要 9 个月的时间（当年 9 月至翌年 5 月），其中 12 月至翌年 2 月的冬季花芽发育缓慢。促成栽培中除温度、日照影响花芽分化外，植株本身的营养状态（特别是碳素营养和氮素营养）也影响花芽分化时期，生长势中等的植株比生长势旺盛的植株花芽分化早，含氮高的植株比含氮低的花芽分化期推迟 7～10 天。

日中性品种从春季到秋季均能开花结果，其花芽分化与日照长度无关，无论是在短日照还是长日照条件下，都能进行花芽分化。

为了促进花芽分化，生产上常用断根、假植（8 月下旬至 9 月上旬）和遮雨棚等方法控制植株的水分和氮素营养，提高幼苗的质量；通过遮光、高山育苗、低温、夜冷处理等方法，可控制日照和温度，满足草莓对短日照和低温的要求，达到促进花芽提前分化和发育的目的。

### （三）休眠期

露地自然条件下，草莓进入日照短、温度低的秋季，新出叶变小，叶柄、叶身变短，匍匐茎发生逐渐停止，整个植株呈矮化状态，此状态经过冬季一直持续到温度回升的春天，这就是草莓的休眠期。草莓的休眠是为避免冬季低温的冻害而形成的一种自我保护性反应。与其他果树不同，草莓植株进入休眠后，生长发育并未完全停止。即使处于自然休眠状态的植株，如果给予适合其生长发育的环境条件（如温室）植株仍然可以开花结果，但矮化状态并未解除，花序抽生短，花朵数少，果实小，产量极低。

草莓的休眠可分为两个阶段，即自发休眠（自然休眠）和他发休眠（被迫休眠）。自发休眠时草莓植株需要一定的低温积累（即需冷量），如不满足其低温要求，即使在合适的环境条件下，也不能正常生长发育，矮化状态不能解除；他发休眠是草莓需冷量已经满足，但由于不适宜的环境条件导致植株不能进行生长发育而呈被迫休眠状态。草莓开始休眠的时期因地区、品种的不同而不同，一般为9月下旬至10月中旬，11月休眠最深。品种间休眠的深浅存在差异，通常以自然休眠所需5℃以下低温的累积（低温需求量）来衡量。低温需求量在100小时以下的品种为浅休眠品种（短低温品种），100～400小时为中等休眠品种，400小时以上为深休眠品种。植株的低温量不足时，开花结果将一直持续到夏季，寒冷地区品种种植在低温不足的温暖地带，其开花结果与四季性品种极为相似。草莓品种低温需求量满足后，北方地区可采用设施进行加温或升温以进行促成或半促成栽培。诱发自然休眠的环境因素主要是短日照和低温，其中短日照影响比温度更大。内在因素为植株细胞分裂素、生长素、赤霉素类物质减少，淀粉等碳水化合物增加。

在草莓设施栽培中，栽培者可在12月中下旬，采用电照补光来延长光照时数，补充自然光照不足，使植株在经过一定程度低温后解除休眠。生产中，在覆膜后的两周内喷两次（间隔7天）8～10毫克/升的赤霉素液，每次每株5毫升，可有效地抑制草莓休眠。

草莓花芽分化后，如果环境条件适合草莓植株的生长，可以不进入休眠状态，继续生长发育并开花结果。我国江南地区保护地栽培时，在10月中下旬（10℃时）将浅休眠的丰香、女峰等品种提早覆膜、保温，2～3天内昼温达30℃，以后保持温度在25℃、湿度在40%～60%，达到了防止植株进入休眠、提早采收的目的。

## （四）开花生长期

春季，当地下 15 厘米处的地温稳定在 15℃以上时，上一年秋季形成的根系便开始伸长生长。随着地温升高，逐渐发出新根。当根系生长 7 天左右，茎顶端开始萌发，先抽出新茎，以后陆续抽出新叶，采用地膜覆盖的草莓，一部分叶片越冬后仍保持绿色，可进行光合作用，随着新叶长出，越冬叶片（老叶）逐渐枯死。草莓早春的生长发育主要依靠植株的贮藏养分。因此加强上一年秋季管理，增加植株的贮藏养分对草莓春季生长发育显得特别重要，同时春季的浇水、施肥对植株的生长、开花、结果有着重要的作用。

不同地区草莓生长开始的时间不同，南京地区为 2 月下旬，郑州地区为 2 月底、3 月上旬，保定地区在 3 月上旬，辽宁沈阳地区在 3 月下旬。

## （五）开花结果期

春季当新茎已展开 3 片叶，在第 4 片叶未全伸出时，花序便从第 4 叶的叶鞘里显露出来，随后花序伸长、现蕾、开花。单花从花蕾显露到花朵开放一般需 15 天左右时间。草莓开花期随地区、品种、栽培方式而不同，露地条件下：江苏南京地区为 4 月上旬，河南郑州地区为 4 月上中旬，河北保定地区为 4 月中旬，辽宁沈阳地区为 5 月上旬。花期一般持续 20 天左右。在一个花序上，第一朵花形成的果实已成熟，而最后的花还在开放，因此草莓的花期与结果期很难截然分开。就一朵花而言，从开花到果实成熟需 1 个月左右的时间。在花期叶数及叶面积迅速增加，同化作用加强，在第三级花序果成熟前后，植株体积及产量增加达到第一次高峰。此时，根系生长缓慢。露地草莓园，果实成熟期也随年份、地区、品种而有差异，一般来说江苏南京地区为 4 月下旬，河南郑州为 5 月上旬，河北保定为 5 月中旬，辽宁沈阳为 5 月下旬，成熟期可持续 20 天左右，此时已有少量匍匐茎开始发生。

# 第二章 草莓生产对环境条件的要求

草莓生产应选择在生态环境良好，远离污染源，并具有可持续生产能力的农业生产区域。其空气质量、灌溉水质量和土壤环境质量必须符合农业部制定的无公害草莓生产的产地环境条件标准——NY 5104—2002《无公害食品 草莓产地环境条件》。

## 一、土壤质地

草莓对土壤适应性较强，我国南方、北方的一些草莓产区，既有在壤土、沙壤土上种植成功的，也有在黏土、沙土上丰产、稳产的经验。但草莓最适于栽植在土质肥沃、保水保肥能力强、透水通气性良好、质地疏松的壤土或沙壤土地块。地下水位应在1米以下。地下水位较高的地块，必须起高垄或筑成台田栽植。一般来说，沼泽地、盐碱地不适于栽植草莓，这类土壤只有通过多施有机肥等措施改良后，才能栽植草莓。

草莓无公害标准化生产应选择土层较深厚，质地为壤土，结构疏松，呈中性反应，有机质含量在15克/千克以上，排灌方便的土壤进行草莓生产，土壤的环境质量应符合表2-1的规定。

表2-1 无公害草莓产地的土壤环境质量要求

| 项目 | 含量极限 | | |
|---|---|---|---|
| | pH值<6.5 | pH值6.5~7.5 | pH值>7.5 |
| 总镉（毫克/千克）≤ | 0.30 | 0.30 | 0.60 |
| 总汞（毫克/千克）≤ | 0.30 | 0.50 | 1.00 |

（续表）

| 项目 | 含量极限 | | |
| --- | --- | --- | --- |
| | pH 值 < 6.5 | pH 值 6.5 ~ 7.5 | pH 值 > 7.5 |
| 总砷（毫克/千克）≤ | 40 | 30 | 25 |
| 总铅（毫克/千克）≤ | 250 | 300 | 350 |
| 总铬（毫克/千克）≤ | 150 | 200 | 250 |

注：本表所列含量限值适用于阳离子交换量 > 5 厘摩尔/千克的土壤，若 ≤ 5 厘摩尔/千克，其含量限值为表内数值的半数

注：摘自中华人民共和国农业行业标准 NY 5104—2002《无公害食品 草莓产地环境条件》

# 二、土壤酸碱度（pH 值）

土壤的 pH 值在 5 ~ 8 范围内，草莓根系及地上部分生长良好。但草莓最适的土壤酸碱度为 pH 值 5.5 ~ 6.5。pH 值小于 4 或大于 8.5 时，会出现生长障碍。在酸性土壤中草莓根系表现粗短、弯曲、先端发黑、侧根萌发少、根系吸收作用受阻。草莓对土壤碱性很敏感，在无灌溉的干旱地区，不宜在碱性土壤上种植草莓。

# 三、水分

草莓根系要求土壤有充足的水分和良好的通气条件。由于草莓根系分布浅，叶面蒸腾耗水量大，花序果实的生长发育也需消耗大量水分。据测定，促成栽培的草莓从 9 月 25 日至翌年 5 月 15 日，每一株草莓的吸水量约为 15 升。在缺水时根系生长受阻，老化加快，吸收能力减弱，严重时干枯死亡。土壤缺水还会提高土壤盐的浓度而导致根系中毒、发黑、死亡。因此，草莓根系对水分的要求很高，耐干旱能力差。栽培草莓的土壤一年四季需保持湿润状态。但过多的水分会导致土壤通气性不良，根系呼吸作用及其他生理活

力受阻，加速初生根木质化，易感根腐病、萎蔫病而死亡，江南地区 6—7 月高温梅雨期常出现这种情况。草莓喜湿不耐涝，灌水时，一般小水勤灌，以防止病害的发生。

草莓不同发育阶段需水状况不同，秋季定植苗时，要供应充足的水分，保持土壤湿润。开花期对水分敏感，要求空气湿度 40%~60%，空气湿度过高，花药不能裂开；土壤则需保持最大田间持水量的 70%~80% 的水分。果实发育期需水量最多，果实膨大期应保持田间持水量的 80%，土壤水分充足时，果实膨大快，有光泽，果汁多；果实接近成熟时，适当控水，保持田间持水量的 70% 为宜，可提高糖度、硬度和着色。匍匐茎大量发生期，需水较多，只有充足的水分供应，才能形成大量根系发达的匍匐茎苗。花芽分化期适当减少水分，以保持田间持水量的 60%~65% 为宜，以促进花芽的形成。入冬前，灌足封冻水，有利于草莓苗安全越冬。总之，水分管理贯穿于草莓田间管理的整个过程，无论哪个时期过度缺水，都会给草莓的生长发育带来不良影响。无公害草莓产地的灌溉水质量要求见表 2-2。

表 2-2　无公害草莓产地的灌溉水质量要求

| 项目 | 浓度极限 |
|---|---|
| pH 值 | 5.5~8.5 |
| 化学需氧量（毫克/升） | ≤40 |
| 总汞（毫克/升） | ≤0.001 |
| 总镉（毫克/升） | ≤0.005 |
| 总砷（毫克/升） | ≤0.05 |
| 总铅（毫克/升） | ≤0.10 |
| 铬（六价）（毫克/升） | ≤0.10 |
| 氟化物（以 F⁻ 计）（毫克/升） | ≤3.0 |
| 氰化物（以 CN⁻ 计）（毫克/升） | ≤0.50 |
| 石油类（毫克/升） | ≤0.5 |

（续表）

| 项目 | 浓度极限 |
| --- | --- |
| 挥发酚（毫克/升） | ≤1.0 |
| 粪大肠菌群数（个/升） | ≤10 000 |

注：摘自中华人民共和国农业行业标准 NY 5104—2002《无公害食品　草莓产地环境条件》

## 四、温度

草莓不同器官，在不同生长发育阶段，对温度的要求也不同。

### （一）根系对温度的要求

北方保护地栽培时，地温低是主要问题之一。特别气温高，地温低时，会使根系过早变黑而失去功能。原因是地上部温度较高，蒸腾和呼吸作用都较旺盛，但由于地温较低，根的生长、吸肥、吸水能力相对较差，肥水的供应不足影响了地上部生长，地上部生长较差又反过来影响根系，使根的活动能力更差。所以，在北方地区，利用高垄或高畦、地膜覆盖、采用滴灌而避免漫灌等方法都是提高地温的有效措施。

### （二）地上部营养生长对温度的要求

叶片进行光合作用的适温为 20～25℃，30℃以上，光合作用下降。在生长季节，若温度高于 38℃，草莓生长受到抑制，不发新叶，老叶出现灼伤或焦边。所以，在夏季，特别是南方地区，应采取遮阴、灌水等措施，使草莓安全越夏。在气温较高时假植或定植也需遮阴。植株抽生匍匐茎需在较高温度和一定程度的长日照条件下进行。温度低于 10℃以下，日照时间再长，也不发生匍匐茎。当日照 8 小时以下时，温度再高照样不发生匍匐茎。当日照 12 小

17

时以上时，随着日照时间增加，匍匐茎发生增多。遭受低温时间越长，匍匐茎发生越多，反之，匍匐茎发生越少。

### （三）开花坐果与温度的关系

草莓花在平均气温达 10℃ 以上时即能开放。温室或大棚栽培，早晨花瓣即张开，数小时后，花药开裂。露地栽培情况下，温、湿度适宜时，早晨开花后，花药能马上开裂。晴天气温高、空气干燥，花粉容易传播。授粉受精的临界温度为 11.7℃，适宜温度为 13.8～20.6℃。花粉发芽以 25～27℃ 为最好，20℃ 或 35℃ 时，也能有 50% 的花粉发芽。花期温度较低，花瓣不能翻转，花药开裂迟缓。低于 10℃ 或高于 40℃ 气温，影响授粉、受精，导致畸形果。

北方地区温室栽培，花期一定要注意保温。南方温暖地区，塑料大棚里绝对不能超过 40℃。

### （四）果实生长与温度的关系

果实的生长发育与成熟除受品种与栽培方式影响外，也与温度有一定关系。一般情况下，温度低，果实生长期延长，成熟晚，但利于果个增大。温度高，成熟快，但果个相对较小。生产上，促成、半促成栽培，在温度管理上倾向于偏高。

### （五）花芽分化与温度的关系

一季型草莓花芽分化需在低温、短日照条件下进行。花芽分化时，对低温、短日照的需求又是相对的。30℃ 以上高温不能形成花芽；9℃ 低温经 10 天以上即可形成花芽，这时与昼长无关；温度在 17～24℃ 时，只有在 8～12 小时昼长的条件下，才能形成花芽。

高纬度地区，花芽分化的温度 17～24℃，很早就能满足，可是，因为白昼时间长，花芽迟迟不分化。这时，长日照是限制因素。在低纬度地区，进入秋季后，尽管昼长已满足了花芽分化需要，但是，由于温度高，花芽也不开始分化。此时，高温又成了限制因素。生产上，为了促进花芽提早分化，常采用高寒地假植、低温冷藏、遮光处理等措施。

### （六）休眠与温度的关系

露地草莓在秋天低温短日照条件下进入休眠。休眠开始的时间因地区、品种不同而存在差异，一般以植株出现矮化现象作为标志，大约在10月中下旬。当植株满足了一定的低温需求后，在条件适宜的情况下，解除休眠，开始正常的生长发育。

促成栽培，为防止植株进入休眠，要进行保温、补充光照、喷激素等处理。半促成栽培，为打破休眠，要进行低温、短日照处理。其中低温是打破休眠的主要因子。打破休眠所需的低温量因品种不同而有差异。休眠浅的品种，如丰香，5℃以下经50～70小时即可打破休眠。休眠中等的品种，如宝交早生，打破休眠约需5℃以下低温450小时。休眠深的品种，如盛冈16，需5℃以下低温1 300～1 400小时才可打破休眠。一般情况下，促成栽培宜选用休眠浅或较浅的品种，半促成栽培宜选用休眠中等或较深的品种，北方寒冷地区露地栽培宜选用休眠深的品种。

# 五、光照

草莓是喜光植株，但也比较耐阴。

## （一）光照与光合作用

光照充足，草莓叶片光合作用强，植株生长旺盛，叶片颜色深，花芽发育好，能获得较高产量。光照不足时，光合作用弱，植株长势弱，叶柄及花序梗细，叶色较淡，花朵小，有的甚至不能开花，果实小，产量低，果实颜色差，成熟期也延迟。在覆盖条件下，草莓越冬叶片仍可保持绿色，次年春季能进行正常的光合作用。

在一定光照强度的范围内，随着光照强度增加，草莓的光合作用加强。当光照强度再增加，光合作用强度却不增加时的光照强度称光饱和点。不同作物的光饱和点不同。草莓的光饱和点为2万～3

万勒，草莓的光补偿点为 5 000 ~ 10 000 勒。在二氧化碳浓度不同时光饱和点和光补偿点为极差变化，一般提高二氧化碳浓度，光补偿点降低，而光饱和点升高。草莓是能在光照较弱条件下达到饱和点的作物。从这点来看，草莓适合进行保护地栽培和间作。在保护地内，由于塑料薄膜覆盖的影响，光照强度比露地弱，特别是在冬季，塑料棚内光照强度较低，一般为 5 000 ~ 15 000 勒，草莓虽然正常生长发育，但是，如能采取补光措施，将光照强度补到 25 000 勒，不仅能促进花粉发育，而且能提高整个植株的生长发育状况。

### （二）光照与花芽分化

一般的草莓品种是短日照植物，在夏末秋初日照变短、气温变低的条件下，才能形成花芽。温度在 9℃ 时，花芽分化与日照长短关系不大。在短日照条件下，17 ~ 24℃ 也能进行花芽分化。温度高于 30℃、低于 5℃ 时，花芽分化停止。有的草莓品种为长日照植物，在 17 小时长日照条件下比 15 小时日照能形成更多的花芽，在 13 小时日照条件下，形成花芽数量很少或根本不形成花芽。还有一类草莓，对日照长短不敏感，在各种日照条件下都能形成花芽，这类草莓被称为"光钝感草莓"或"日中性草莓"。

### （三）光照与花粉发芽率

光照不足，花粉发芽率降低。冬季在塑料棚内，开花期若连续 3 天晴天，花粉发芽率能达到 82.5%；若连续 3 天阴天，花粉发芽率为 62.5%。从上述数字可以看出，光照影响花粉发芽率，但对生产影响不大。

光照与匍匐茎生长、蒸腾作用强弱、休眠深浅的关系，见前述。

## 六、气体

无公害草莓生产产地环境空气质量应符合表 2 - 3 的规定。

表 2 – 3　无公害草莓产地的环境空气质量要求

| 项目 | 浓度限值 | |
| --- | --- | --- |
| | 日平均 | 1 小时平均 |
| 总悬浮颗粒物（标准状态）（毫克/立方米）≤ | 0.30 | — |
| 氟化物（标准状态）（微克/立方米）≤ | 7 | 20 |

注：日平均指任何一日的平均浓度；1 小时平均指任何一小时的平均浓度。

注：摘自中华人民共和国农业行业标准 NY 5104—2002《无公害食品　草莓产地环境条件》

二氧化碳是草莓进行光合作用的主要原料。在草莓设施栽培时，二氧化碳浓度显得特别重要。当二氧化碳浓度为 0.036% 时，光饱和点为 2 万~3 万勒。若将二氧化碳浓度增至 0.08% 时，即使光强 6 万勒也达不到光饱和点。清晨大棚内二氧化碳比棚外高出 0.15%，棚外大气中二氧化碳浓度约为 0.03%，这有利于草莓进行光合作用。棚内的二氧化碳主要是由土壤向外扩散的结果。但白天棚内二氧化碳浓度会明显降低，中午 12 点左右二氧化碳浓度与棚外大致相同。有研究表明，施用 0.037% 的二氧化碳气肥，草莓产量可提高 1.5 倍左右。因此，大棚草莓补施二氧化碳，可使草莓叶片明显增厚，叶色浓绿，果个增大，成熟提前，一般可增产 15%~20%。

草莓对有害气体很敏感，过多的氮肥及未腐熟的有机肥由于微生物活动积蓄大量的氨态氮，会引起氨气障碍。生产上设施栽培时，发现施氮肥过多，棚内密闭、温度过高时，会发生叶焦灼的"肥害"症状。因此大棚草莓要及时通风换气，不但有利于棚外二氧化碳流入棚内，而且还使棚内的有害气体排出棚外。

# 第三章　草莓建园技术

草莓有不同的栽培方式，一般分为露地栽培和设施栽培两大类。我国草莓设施栽培的主要类型有：日光温室促成栽培、塑料大棚促成栽培、日光温室半促成栽培、塑料大棚半促成栽培及塑料拱棚早熟栽培。促成栽培是指利用日光温室或大棚设施在冬季保温，不让植株进入休眠，在冬季也正常发育，促进花芽分化，使草莓提早开花结果的栽培技术。半促成栽培是指让草莓植株在秋冬自然条件下满足它的低温需求量，基本上通过了自发休眠，但休眠还未完全苏醒前，人为强制打破休眠之后，再进行保温或加温，促进植株生长和开花结果，使果实在1—4月采收上市的栽培方式。另外还有冷藏延迟栽培，就是把已经进行了花芽分化并通过自然休眠的壮苗，放在低温条件下冷藏起来，使其继续被迫休眠，在适当的时候解除低温，进行定植，在自然条件下开花结果。上述几种栽培方式组合在一起，便可达到周年供应草莓鲜果。

## 一、设施栽培草莓园的建立

草莓耐弱光能力强，既适合露地栽培，也适合设施栽培。设施栽植草莓可使果实成熟期大大提前，既有利于提早果实上市，又有利于果农增加经济收入。

### （一）园区规划

保护地草莓栽培的园地，一般选择光照良好、土地平坦、土壤肥沃、有良好灌溉条件的田块。首先规划出道路和小区，每小区

30~40亩为宜。道路边需有排水沟，多雨地区注意围沟（宽1米、深1米），腰沟（宽80厘米、深80厘米）和条沟（宽40厘米、深60厘米）相通，以利雨水及时排出。日光温室一般为东西方向，坐北朝南，北面和东西两面是墙，朝南半坡为拱式采光面，两个日光温室之间的南北间距通常为4.0~6.0米。大拱棚一般为南北方向，东西双坡拱式面采光。两个拱棚间距一般为1.5~2米。日光温室和大拱棚的宽度一般为8.0~10米，长度一般为60~70米，最长不超过100米，设施最高点的高度一般为2.0~3.0米。中、小拱棚一般宽1.5~5.0米，顶高1.0~1.8米，长度一般为20~25米，以利于通风和作业。生产上日光温室常用的有金属管架结构和竹木结构两种，墙体有土墙和砖墙。大拱棚常用的有金属骨架结构、水泥钢筋结构和竹木骨架结构三种。中、小拱棚多为竹木骨架结构和钢架结构，少量应用水泥钢筋管架。一般来说日光温室比大棚保温效果好，相同条件下草莓可比大棚早熟10~15天，保温的大棚又比中、小拱棚早熟2~3个月，中、小拱棚又比地膜覆盖或露地栽培早10~15天。具体选用何种材料，建造多大设施，一般是根据地形、地貌、设施使用年限和投资者的经济状况来确定的。

**（二）日光温室与大棚设计**

1. 日光温室的设计

日光温室分不加温日光温室和人工加温日光温室两种。加温日光温室是在设施内增加了暖风机、火炉管、火炉墙等设施。

（1）总体设计。温室南侧底脚至北墙根的距离为跨度，跨度大，土地利用率高，但坚固性较差，一般以8.0~10米为宜，温室高度（温室屋脊至地面垂直距离）以2.8~3.3米为宜，过高不利于保温，过低不利于采光和室内空气流通。温室长度可根据地形来确定，不作严格要求，但每个温室的有效面积最好能达到800~1000平方米。

（2）采光设计。为了保证良好的栽培效果，温室应坐北朝南。采光屋面要有一定的角度，使采光屋面与太阳光线所构成的入射角尽量最小，由于太阳位置有冬季偏低、春季升高的特点，在温室的前沿底角附近，角度应保持在60°~80°。

2. 大棚的设计

日光温室虽然保温性能好，但结构、施工复杂，成本较高。塑料大棚结构较简单，成本也较低，便于大面积推广，而且只要设计施工合理，措施得当，也能取得较好的保温效果。

（1）总体结构及设计。为使棚内光照分布均匀，大棚一般南北走向（即南北延伸）。大棚的骨架材料可用钢管、钢筋水泥预制结构、竹木结构、金属结构或其他复合材料。棚面设计成拱形，接近地面处增大棚面与地平面夹角（70°~90°为宜），构成"肩"。"肩"的高度1.0~1.3米，这样可以充分利用棚内空间。棚跨度（即棚宽）6.0~8.0米，脊高2.4~2.6米，南北长度80米左右，即每棚面积640平方米左右为宜，过大不利于农事操作，过小则土地利用率低，棚内温度波动大。

（2）棚间距。棚间距设置要考虑到遮阴、作业方便和提高土地利用率等因素，一般东西相邻两棚间隔1.5~2.0米，南北两棚间距为棚高的0.8~1.5倍为宜。

（3）覆盖材料及通风设计。由于棚内外存在温差，使用普通聚乙烯薄膜常在膜内表面形成大量水滴，这样会严重减弱棚内光照，增加湿度，对草莓生长发育不利，所以，无论日光温室还是塑料大棚，均要求使用透光性能良好的无滴膜。为增强保温效果，温室和大棚膜外均需加盖3.0~5.0厘米厚的草苫（稻草苫、蒲草苫、麦草苫、棉苫、无纺布苫等）。通风与保温同样重要。通风设计要求施工简单，通风效果好。一般在温室的北墙设置若干通风窗，根据通风需要，可打开1个或几个。温度过高时，可在温室的采光面两幅薄膜间"扒缝"，"缝"的大小根据需要而定。这样，空气通过"缝"与通风窗对流，加强了通风效果。塑料大棚以"扒缝"

通风为好。根据通风需要，可单侧，也可双侧扒缝，"缝"可大可小，灵活方便。

3. 中小拱棚设计

中小拱棚是相对于塑料大棚而言的一种保护地形式，二者并无截然区别，一般将棚高低于1.8米的棚称为中小拱棚，而将棚高高于1.8米的棚称为塑料大棚。中拱棚的规格多种多样，各地可根据具体情况灵活掌握。小拱棚的骨架一般采用竹竿或杂木制成，也有用钢筋或钢管制成。通常有如下3种形式：①棚高0.5米，宽1.2米。这种拱棚不需要立柱，只需用竹片做成弓形骨架，上覆塑料薄膜即可。②棚高1.2米，棚宽3.6米，棚中间需立1排立柱，立柱与立柱间距离为1米。棚内可做4条80厘米宽的垄，可栽8行草莓。③棚高1.8米，宽5.4米，棚中间需立1排立柱，立柱应在秋季埋好，以备早春覆膜。棚内可做6条80厘米宽的垄，共栽12行草莓。

小拱棚的长度一般在20米左右，不宜过长，因为过长不利于通风，保温效果也不好，棚的方向以南北向为宜，棚上用塑料薄膜覆盖，棚顶每隔一定距离用塑料绳或铁丝压紧，以防大风掀棚。

# 二、草莓观光采摘园的建立

草莓采摘园是20世纪60年代在美国发展起来的一种新的草莓栽培管理形式。由于草莓果实十分"娇气"，不易机械采收，人工采收需用较多劳动力，而美国劳动力工资又较高，故采收成本较高，为降低采收成本，自采草莓园应运而生。此外，让顾客直接到草莓园采收草莓，还能让顾客体验亲手采摘草莓的田园乐趣，深受人们欢迎。

随着我国经济的高速发展，人们物质文化生活水平的快速提高，在都市型现代农业的推动下，为适应市民观光休闲需求，城市郊区的草莓采摘业蓬勃发展，草莓市场供应总量也大幅提高。采摘是具有鲜明都市特色的草莓消费方式，吸引市民的不仅仅是诱人的草莓果，还有消费时整体氛围的体验，包括视觉、听觉和嗅觉等。草莓自采集观光、休闲、旅游于一体，单位价格往往是商超售价的2~4倍，采摘使单纯的农产品变成了旅游产品，草莓的价格也大大高于市场售价。

### （一）园址选择与规模

优越的区位条件是采摘园提高市场竞争力的重要因素。交通要便利，最好在城市近郊、旅游景点附近、靠近国道或省道等客流量大的地方，没有草莓种植的地区更好，大、中、小型城市都有市场需求，均可建园。草莓适应性较强，但要获得优质高产果品，必须选择地面平整、阳光充足、土壤肥沃、排灌方便的田块。草莓采摘园的规模可大可小，农户可根据城市的大小、当地采摘园的数量和自身实力来确定，小型采摘园5~20亩（1亩≈667平方米；15亩=1公顷。全书同），大型采摘园50~100亩均可。

### （二）品种选择

草莓采摘园在进行品种选择时，除要考虑品种的适应性、丰产性和品质等常规因素外，还需考虑以下两点：第一，由于草莓采摘园的大多数顾客都是市民和旅游者，因此草莓的成熟期应尽量与节假日和旅游旺季相同，这样顾客才可能较多。第二，一个采摘园至少应配置2~3个成熟期、口感不同的品种，以延长采收时间，满足不同的消费需求，同时还可增加互相授粉的机会，提高坐果率；同时可以适当安排一部分露地和半促成栽培草莓来保证采摘不断档。目前比较适合采摘园种植的品种有红颜、章姬、宁玉、幸香、甜查理、丰香等。

### （三）管理

一个栽培面积为20亩的草莓采摘园，需要一个技术员和5个左右长期工人，在定植等农忙季节根据情况适当增加临时工，技术员负责整个园区的日常管理和技术指导，指挥工人进行规范化生产。每个工人负责4个左右大棚的生产工作，负责的大棚长期固定，生产期间工人统分结合，有需要集体协作的工作就集体行动，平时自己负责自己的大棚。订立园区生产管理制度、安全生产制度、奖惩制度等，并严格执行，保证生产的顺利进行。

管理技术参照本书其他章节。

**采摘管理：**设立游客接待处，安排一个负责人，负责来客接待和收银。游客进园后由接待处负责人通知工人领游客进棚采摘，接待处负责人要及时安排游客进棚采摘，合理疏导客流，避免游客等待时间过长、部分大棚人员过多或过少。进棚之后，工人要做好引导和疏散，引导游客到成熟较多的地段采摘，不要挤在门口或某一个地段，教授采摘方法，维持秩序，避免游客打闹嬉戏、随意踩踏等活动破坏草莓。采摘结束后工人领游客到接待处包装、过秤、装箱，接待处打印3联单或做好记录，方便统计产量和对工人进行奖励，由接待处收银。

### （四）宣传营销策略

做好宣传，引导市民采摘。通过平面媒体、电视广告、网络、微信等形式进行宣传，举办草莓采摘节来扩大影响力和知名度，有条件的话可以作为当地旅游线路上的一个景点。河南洛阳有一家采摘园，2013年秋季建园，栽培面积18亩，收益非常可观，2014年秋计划扩大面积，以下是他们的宣传营销方案：一是平面媒体，该采摘园紧邻国道，在采摘园的大门左右两侧各做一个大型喷绘广告牌，上面有采摘园名称、诱人的草莓图片、采摘的欢乐场景、采摘服务内容等，在采摘园的围墙上也做上宣传喷绘，门外两侧插上彩旗。印制宣传单页和采摘代金券，在商场、机关、学校、酒店、宾馆等单位附近发放。采摘代金券每张10元或其他数额，采摘时每人每次限用一张，吸引游客采摘。二是电视广告，于草莓成熟前在当地的电视台做广告宣传，为节省费用，做一段时间即可，也可做字幕广告。三是网络宣传，做采摘园网站，可以做一段时间的网络推广，比如百度推广等，另外可以利用微信、博客、论坛、QQ群进行宣传。四是举办当地的草莓采摘节，组织形式灵活，规模可大可小。

　　日本农园的草莓采摘也很有特色，我们可以作为参考。日本草莓以鲜食为主，主要销售渠道为包装销售和游人采摘两种，他们很注重园区宣传，引导市民休闲消费。农园通常会印制各种色彩艳丽的彩页，放在车站、酒店或景点的宣传栏中进行宣传。在宣传的同时，农园的标识也值得我们学习。通常在草莓园的非集中区，一个独立且深远的农园，一般会在几千米外就沿途设立标识，在路边插放印有草莓、相关漫画和农园名字的各色彩旗。一路循来，很容易就找到目的地了，有趣且有人情味。去采摘的市民，通常只能在棚室内停留30分钟，在这30分钟内可以尽情品尝，但不允许将果实带走。每人消费 1 200～1 700 日元，相当于 3～5 盒草莓的价格，来采摘的市民络绎不绝。如果在采摘之余，还想带些草莓回去，那么在农园的附近会有直销店，专门销售包装好的草莓供市民购买。

# 第四章　草莓优良品种

## 一、草莓品种选择的要求

草莓品种多样，每个品种都具有一定的栽培性状，有各自的遗传基础，只有在合适的条件下才能表现出优良性状，获得最大效益。草莓品种的选择除了考虑品种优质高产、抗病性强等要求外，还应注意以下几点。

### （一）市场定位

从目前的市场来看，消费者主要喜欢两类鲜食草莓产品，一类是风味甜、糖度高、酸度低、有香味的草莓品种（主要是日本品种和我国部分自育品种）；另一类是果个大、耐储运、着色好、风味酸甜的草莓品种（主要是欧美品种）。在我国这两类草莓都有大面积的生产栽培。除鲜食品种以外还有专供加工、速冻的品种和用于制汁、制酱、制酒的品种，选择加工品种时，要注意果肉色泽深、汁液丰富、糖酸含量高的品种，如达赛莱克特、全明星、哈尼等；用于速冻的品种，宜选择果个整齐、大小一致、颜色鲜艳、着色均匀、韧性较好的品种，如森加森加拉、哈尼、全明星等；在以鲜食为主时，应重点考虑果实的风味和果实大小。就近销售的，应把品质放在第一位，远距离销售要考虑硬度、果形、果个大小、色泽等问题。夏秋草莓生产时，应选择日中性品种。

### （二）栽培方式

在设施栽培中，采用早熟促成栽培时，应选择休眠浅的品种，如宁玉、红颜、章姬、甜查理、丰香等；半促成栽培一般选择休眠较浅、中等或较深品种，如达赛莱克特、甜查理等。有些休眠中等的品种既可做露地栽培，也可做保护地栽培半促成栽培。如果栽培方式定下来了而品种选择不当，会出现因需冷量过多而营养生长过旺、开花结果少的现象，或者因品种的需冷量不足，植株矮小、茎叶生长少、花果小等现象。

### （三）适应性

不同的品种在不同的气候、土壤条件、栽培方式等表现不同，因此需要选择适应本地区、综合性状表现最优的品种。有些品种在寒地表现好但在温度高的南方则表现差。南方地区冬季时间短、温度相对也高，夏秋季高温、高湿，病害重，花芽分化困难，应选择适应当地需求的品种，如甜查理、宁玉等。北方地区一般选择较耐寒品种，如红颜、章姬、达赛莱克特等。甜查理适应性强，在南北方均可种植。在酸性土壤表现较好的红颜、章姬等优良品种，而在pH值偏高的盐碱土表现叶片黄化、植株生长不良。在草莓老产区，还应考虑品种的抗病性、耐重茬性等问题。

### （四）品种搭配

栽培面积千亩以下的一般考虑2~3个品种，以便能规模上市，形成品牌；在成千上万亩的栽培面积时，应考虑早、中、晚品种的搭配，或采用不同的栽培方案，让草莓的成熟期错开，这样既能应对上市时期，又能合理调节人力物力。草莓虽然能自花授粉结实，但搭配1~2个授粉品种可增大果个，提高单果重。除配置授粉品种外，蜜蜂授粉是增大果个、减少畸形果、提高果实品质不可缺少的措施。鲜食品种应考虑早熟性、自采需求、耐储运等品种的搭配，同时，根据草莓加工需求，发展加工专用型品种，以利草莓产业链的形成。

# 二、草莓鲜食优良品种

据不完全统计，目前全世界有草莓品种 3 000 多个，各地在生产上应用的品种也有 300 多个，但栽培面积较大的也就几十个。生产者对鲜食品种的一般要求为果实大、颜色鲜艳、果形正、硬度高、风味好、丰产性能强、抗病性好的品种，但这种"十全十美"的品种十分少见。根据引入来源地的不同，生产上栽培面积较大的品种分为国内自育品种、日本品种和欧美品种三类。国内自育品种进展很快，每年推出的品种也越来越多，推广面积逐年增加，涌现出一批优秀的品种，如宁玉、宁丰、京藏香、京桃香、红袖添香等。日本品种由于普遍具有香味浓、风味好而深受消费者的喜爱，但果实较软、不耐储运、抗病性差、果个和丰产性能一般，此类品种以丰香、红颜、章姬为代表。欧美品种具有果实大、颜色鲜艳、果形正、硬度高、丰产性能强、抗病性好而受生产者喜爱，但往往硬度大、酸味稍重而风味不如日本品种，此类品种以甜查理、达赛莱克特、阿尔比等为代表。现将上述几类优良品种的特性做一介绍。

## （一）国内育成品种

### 华艳

中国农业科学院郑州果树研究所培育，暂定名'华艳'。该品系植株长势强，为中间型，株高 15.2 厘米，冠径 33 厘米。匍匐茎抽生能力强。叶片黄绿，圆形，长 5.2 厘米，宽 4.4 厘米，叶片革质粗糙，叶柄长 9 厘米。花粉发芽力高，授粉均匀，坐果率高，畸形果少。果实圆锥形，果个均匀，红色，果面平整，纵横径 6.3 厘米×4.5 厘米，光泽度强。果基无颈无种子带，种子分布均匀，果尖易着色。果肉红色，髓心红色；味道酸甜，香味浓，脆甜爽口，可溶性固形物含量 12%，果实综合阻力 2.5 千克/平方厘米，硬度大，耐储运。果大，丰产，一、二级序果平均单果重21.4克，最大果重32.6克，产量一般达到2 476千克/亩。抗炭疽病和白粉病。

在郑州地区温室促成栽培，9月上旬定植，10月中旬现蕾，10月25日始花，12月1日初果期，12月中下旬盛果期。连续结果性强。

**中莓1号**

中国农业科学院郑州果树研究所培育。早中熟品种。果实长圆锥形，果形一致，畸形果少，纵横径6.3厘米×4.2厘米，无果颈，无裂果，果面平整，橙红或红色，光泽度强，萼下着色良好，果面着色均匀，果实萼片平贴或稍离，萼心凹。一级序果平均单果重30.7克，二级序果平均单果重22.3克，整株平均单果重24.2克，最大单果重44.3克，同一级序果个均匀整齐。果肉颜色白色，质地脆，肉细腻，纤维少，髓心中等偏小，橙红色，空洞中等，果汁中多、粉红色。果实风味酸甜，有香气，可溶性固形物含量9.5%。果实硬度3.5千克/平方厘米，硬度大，耐储运。果实适宜鲜食。在河南郑州地区，温室或大棚促成栽培现蕾期为10月下旬，始花期在11月上中旬，盛花期为11月中下旬，果实始熟期为12月中旬。抗逆性较强，田间自然表现抗病性较强，没有炭疽病症状，白粉病少见。'中莓1号'保温后有2片新叶展开时在苗心部位喷赤霉素1次，现蕾时再喷1次，每次浓度5~10毫克/千克，每株用量5克。

**中莓2号**

中国农业科学院郑州果树研究所培育。果实圆锥形，纵横径4.3厘米×3.7厘米，无果颈，无裂果，果面沟浅少，橙红或鲜红色，光泽度强，萼下着色良好，果面着色均匀，果实萼片平贴或稍离，萼心凹。一级序果平均果重28.6克，二级序果平均果重20.5克，整株平均果重23.6克，最大果重36.3克，同一级序果个均匀整齐。果肉颜色白色，质地较松，肉细腻，纤维少，髓心中等，橙红色，空洞中等，果汁中多、粉红色。果实风味酸甜，香气浓，可溶性固形物含量9.0%，总酸0.62%，总糖6.76%，维生素C 0.71毫克/克，硬度2.3千克/平方厘米，较耐储运。'中莓2号'在河南郑州地区，温室栽培现蕾期为10月下旬，始花期在11月上中旬，盛花期为12月上旬，果实始熟期为12月中下旬。田间自然表现抗病性较强，抗白粉病，没有发现炭疽病症状。'中莓2号'在花蕾期喷5毫克/千克赤霉素1次。

**中莓3号**

中国农业科学院郑州果树研究所培育。果实长圆锥形，纵横径5.2厘米×2.3厘米，无果颈，无裂果，果形一致，畸形果少，果面平整，橙红或鲜红色，光泽度强，果尖易着色，萼下着色良好，果面着色均匀，果实萼片反卷，萼心凹。一级序果平均果重28.3克，二级序果平均果重20.7克，整株平均果重21.4克，最大果重38.9克，同一级序果个均匀整齐。果肉颜色橙红，质地绵，肉细腻，纤维少，髓心中等，橙红色，空洞中等，果汁中多、粉红色。果实风味酸甜，有香气，可溶性固形物含量13%。果实综合阻力1.3千克/平方厘米，较耐储运。果实适宜鲜食。在河南郑州地区，温室栽培现蕾期为10月下旬，始花期在11月上旬，盛花期为11月中下旬，果实始熟期为12月中上旬。抗逆性较强。田间自然表现抗病性较强，没有炭疽病症状，白粉病少见。

**京藏香**

北京市农林科学院培育品种，2013年审定。母本'早明亮'，父本'红颜'。果个中等，圆锥形，亮红色，硬度中等，风味佳，香味浓，连续结果能力强，果实成熟期与'甜查理'相近。在2013年第九届中国草莓文化节上荣获'长城杯'。适栽区：已推广至北京、辽宁、山东、云南、内蒙古自治区（以下称内蒙古）、河北等地，也适合西藏自治区（以下称西藏）高海拔地区。适合促成栽培。

**京承香**

北京市农林科学院培育品种，2013年审定。母本'土特拉'，父本'鬼怒甘'。果个大，硬度大，丰产性强，较抗白粉病、灰霉病。荣获 2013 年第八届全国精品草莓擂台赛"金奖"。

适栽区：华北等，已推广至北京、河北、辽宁、江苏、安徽等地。适合促成栽培。

**京桃香**

北京市农林科学院培育品种，2014 年审定。母本'达赛莱克特'，父本'章姬'。果个中等，圆锥形，果面亮红色，抗病性强，有浓郁的黄桃香味。适栽区：已在北京、河北等地试栽。适合促成栽培。

**京留香**

北京市农林科学院培育品种，2013 年审定。母本'卡姆罗莎'，父本'红颜'。果形整齐，果个大，香味浓，丰产性强，适合观光采摘。适栽区：已推广至北京、河北、安徽、辽宁、江苏等地。适合促成栽培。

**粉红公主**

北京市农林科学院培育品种，2014 年审定。母本'章姬'，父本'给维塔'。果个中等，圆锥形或楔形，肉质细，连续结果能力较强。适栽区：已在北京、河北等地试栽。适合促成栽培。

**白雪公主**

北京市农林科学院培育品种，果面纯白，最大单果重 48 克，可溶性固形物 9%，风味独特，已在北京、河南、河北、辽宁、安徽等省市试栽，适合促成栽培。

**红袖添香**

北京市农林科学院培育品种，2010 年审定。母本'卡姆罗莎'，父本'红颜'。果实长圆锥或楔形、果面全红、果肉红色、酸甜适中、有香味。植株生长势强，连续结果能力强。果个大、最大果重 98 克。丰产性强。抗白粉病，非常适合有机生产。在低温光照不足时易出现畸形果。连续两年（2012 年和 2013 年）荣获全国精品草莓擂台赛冠军"长城杯"和"金奖"。适栽区：已推广至北京、云南、河南、甘肃、陕西、安徽、河北、山东、辽宁、内蒙古、江苏、四川、西藏等地。适合促成栽培。

**京泉香**

北京市农林科学院培育品种，2012 年审定。母本'01 – 12 – 15'，父本'红颜'。果实香甜，口感好，长势强，香味浓。个别年份注意白粉病防治。适合观光采摘。荣获第七届（2012 年）和第八届（2013 年）全国精品草莓擂台赛"金奖"。适栽区：已推广至北京、河北、云南、辽宁、内蒙古、江苏、安徽、山东、青海等地。适合促成栽培。

**京御香**

北京市农林科学院培育品种，2011 年审定。母本'卡姆罗莎'，父本'红颜'。果面红色、有光泽、风味浓、果个大，连续结果能力强，耐储运。抗白粉病、灰霉病。适栽区：已在北京、河北等地试栽。适合促成栽培。

**京怡香**

北京市农林科学院培育品种，2012 年审定。母本'卡姆罗莎'，父本'红颜'。果实香甜、口感好、长势强。抗白粉病、灰霉病。亩产可达 2 500 千克。荣获 2012 年第七届全国精品草莓擂台赛"金奖"。适栽区：已推广至北京、安徽、河北、河南、云南、广西壮族自治区（全书称广西）等地。适合促成栽培。

**京醇香**

北京市农林科学院培育品种，2012 年审定。母本'01 – 12 – 15'，父本'鬼怒甘'。花量适中，果肉脆，耐贮运，有特殊香味，不易感病，具有较高的商品价值。适栽区：已在北京、河北等地试栽。适合促成栽培。

**宁玉**

江苏省农业科学院园艺研究所选育，株半直立，长势强，株高 12.0～14.0 厘米，冠径 26.8 厘米×27.2 厘米。匍匐茎抽生能力强。叶片绿色，椭圆形，长 7.9 厘米，宽 7.4 厘米，叶面粗糙，叶柄长 9.3 厘米。花冠径 3.0 厘米，雄蕊平于雌蕊，花粉发芽力高，授粉均匀，坐果率高，畸形果少；平均花房长 12.9 厘米，分歧少、节位低，每花序 10~14 朵花。果实圆锥形，果个均匀，红色，果面平整，光泽强。果基无颈无种子带，种子分布稀且均匀；果肉橙红，髓心橙色；味甜，香浓。可溶性固形物 10.7%，总糖 7.384%，可滴定酸 0.518%，维生素 C 0.762 毫克/克，硬度 1.63 千克/平方厘米。果大丰产，一、二级序平均单果质量 24.5 克，最大 52.9 克，产量一般达 2 212 千克/亩。抗炭疽病、白粉病。早熟，在南京大棚促成栽培，9 月上旬定植，10 月中旬现蕾，10 月 20 日左右开花，11 月 20 日左右初果期，11 月 20 日左右二序花现蕾，12 月底三序花现蕾，连续开花坐果性强。

**宁丰**

江苏省农业科学院园艺研究所从达赛莱克特×丰香杂交后代中选育出的促成栽培新品种，于 2010 年通过江苏省农作物品种审定委员会审定。植株形态半直立，株高 10.5 厘米左右，冠径 25.9 厘米×24.3 厘米左右。叶片多而肥厚，叶片圆形，绿色，叶面粗糙，光泽度强，叶缘缺刻粗，叶片长度 6.3 厘米，叶片宽度 6.1 厘米，叶柄长度 8.5 厘米。花序高度低于叶面，花大小中等，花瓣的相对位置相接，花瓣宽长相同，花冠径 3.2 厘米，花萼稍大于花冠，雄蕊平于雌蕊，花粉发芽力高，授粉均匀，平均花房长 12.5 厘米，无分歧或分歧少，每花序着生花 6~10 朵。匍匐茎浅红色，匍匐茎数量多。果实纵径大于横径，果实圆锥形，萼心状态稍凹，果实大，果形不整齐度极小，大小均一。果面平整，坐果率高，畸形果少。果实外观整齐漂亮，果面红色，光泽度强，色泽均匀。果实无果颈，无种子带，种子分布稀且均匀，着生状态平于果面。果肉橙红，无空心，肉质细，风味甜，在南京周围地区全年可溶性固形物平均为 9.8%，硬度 1.68 千克/平方厘米，一、二序果平均单果质量为 22.3 克，最大单果质量 57.7 克，平均单果质量达 16.51 克，早熟，适合我国大部分地区促成栽培，在南京周边地区 9 月上旬定植，10 月中下旬现蕾，10 月中下旬至 11 月初始花，11 月下旬至 12 月初果实初熟，11 月中旬二序现蕾，12 月初三序现蕾。生长结果习性稳定，丰产性好，一般亩产量在 2 000 千克左右，早期产量显著高于目前的主栽品种红颜、丰香、明宝。耐热耐低温，适应性强，繁殖系数高，长势强。抗炭疽病、白粉病，中感灰霉病。

### 宁露

江苏省农业科学院园艺研究所以'幸香'为母本，'章姬'为父本，经杂交选育而成的设施草莓新品种，2011 年通过江苏省农作物品种审定委员会审定。该品种果实圆锥形，果实外观整齐，果面红色，光泽度强，色泽均匀。果基无颈、无种子带，种子分布稀且均匀。果面平整，畸形果少。果肉橙红，髓心白色，无空心，肉质细，风味佳，甜香浓。可溶性固形物含量 10.3%，硬度 1.68 千克/平方厘米，植株半直立，长势强，株高 11.2 厘米左右。在南京周边地区，8 月底定植，10 月上旬现蕾，10 月中旬始花，11 月上旬果实初熟，11 月中旬二序现蕾，11 月底三序现蕾，其早熟性具有明显优势。

### 紫金香玉

2012 年通过江苏省农作物品种审定委员会鉴定，以'高良 5 号'为母本、'甜查理'为父本经杂交选育而成的抗病优质设施草莓新品种。该品种早熟丰产，果实圆锥形，整齐，畸形果少，果面红色略深，光泽强，平均单果质量 18.5 克，产量达 2 060 千克/亩。肉质细，风味酸甜，可溶性固形物含量 11.4%，硬度 2.19 千克/平方厘米。植株长势强，半直立，耐热性强，抗炭疽病、白粉病，育苗容易，适合我国大部分地区促成栽培。

### 晶瑶

湖北省农业科学院经济作物研究所以'幸香'与'章姬'杂交育成的早熟品种，休眠期短。果实呈略长圆锥形，表面鲜红色，外形美观，富有光泽；果实整齐，畸形果少，平均单果质量 25.9 克，肉质细腻，质脆，鲜红色，香味浓，口感好；髓心小，白色至橙红色。种子黄绿色、红色兼有，稍陷入果面，耐储运。平均单株产量330克，每亩产量2 165千克。植株较高大，一般株高38.4厘米，开展度40.6厘米；生长势较强。单株叶片7~8片，长椭圆形，叶面光滑，质地硬，茸毛少；托叶大，绿色。单株花序3~5个，花序长38.9厘米，花序二歧分枝，花量较少，全采收期可抽发3次花序，各花序均可连续结果；子房大，花粉量大；花序粗壮坚硬直立，花量较少，顶花序8~10朵，侧花序5~7朵，花朵发育健全，授粉和结果性好。可溶性糖含量8.53%，可滴定酸含量0.76%，维生素C含量0.68毫克/克，可溶性固形物含量12.8%，糖酸比11.2。对高温、高湿和炭疽病抗性较弱，对抗白粉病能力较强。在湖北地区大棚促成栽培，定植9月10日，10月下旬保温，第1花序初花期10月中旬，始采期11月下旬，比丰香早2~3天，盛果期在翌年1月中旬至5月成3次花果。果实采收后期同时抽生下一批花序，连续结果性好于丰香，植株长势持续旺盛。露地育苗，4月上旬抽生匍匐茎。

**晶玉**

湖北省农业科学院经济作物研究所以'甜查理'为母本，'晶瑶'为父本杂交育成，2012年6月通过了湖北省农作物品种审定委员会审定。果实长椭圆形或楔形，一、二级序果平均单果重21.5克，最大达59.6克。表面鲜红色，有光泽；种子黄色，微凹于果面，分布均匀。果肉橙红色，肉质细腻，汁液多，香味浓，甜酸适中。髓心中等大，白色至浅红色，空洞少。果实可溶性固形物含量11.8%，总酸0.44%，植株长势强，株形直立，平均株高28.5厘米，每亩产量2 000千克。在湖北地区，一般8月下旬到9月上旬定植，12月上旬第1批果成熟。

**艳丽**

沈阳农业大学以'08-A-01'为母本，'枥乙女'为父本杂交育成。2014年3月通过辽宁省非主要农作物品种备案委员会备案。植株生长势强，株高约20厘米，冠径28厘米×22厘米。叶片较大，革质平滑，第 3 片叶中心小叶 7.5 厘米×6.6 厘米，叶近圆形，深绿色，叶片厚，叶缘锯齿钝，单株着生 9～10 片叶。二岐聚伞花序，平于或高于叶面，花序梗长约 29 厘米，花梗长约 13 厘米。单株花数 10 朵以上，两性花。果实圆锥形，果形端正，果面平整，鲜红色，光泽度强。种子黄绿色，平或微凹于果面。果肉橙红色，髓心中等大小，橙红色，有空洞。果实萼片单层，反卷。在日光温室促成栽培或半促成栽培条件下，一级序果平均单果质量 43 克，大果质量 66 克。果实汁液多，风味酸甜，香味浓郁，含可溶性固形物 9.5%，总糖 7.9%，可滴定酸 0.4%，维生素 C 0.63 毫克/克，果实硬度 2.73 千克/平方厘米，耐储运。抗灰霉病和叶部病害，对白粉病具有中等抗性。在沈阳地区日光温室促成栽培，11 月上旬始花，12 月下旬果实开始成熟，产量 2 000 千克/亩以上；在沈阳地区日光温室半促成栽培，1 月下旬始花，3 月上旬果实开始成熟，产量 2 500 千克/亩以上。

**申阳**

上海市农业科学院林木果树研究所选育。该品种株型紧凑，匍匐茎抽生能力强，上海地区 3 月中下旬开始抽生。根系发达。果实圆锥形，较大，第 I、第 II 级序果平均重 25 克；果形整齐；香气浓郁，果面鲜橙红色富有光泽，表面平整，着色一致；种子着生微凹。果肉浅红色，髓心中等大。花萼小、单层，向外翻卷；除萼易；果肉细，汁液多，甜酸适度；平均可溶性固形物含量 10.5%～12%（设施栽培），可滴定酸含量 0.542%，维生素 C 含量 0.878 毫克/百克。

该品种耐受夏季高温干旱和弱光，整个繁苗期（尤其南方梅雨季节）生长良好，繁殖系数 60 以上，长势好。特别在育苗期高抗草莓炭疽病，耐受白粉病等病害，但对红蜘蛛抗性弱。

**久香**

上海市农业科学院林木果树研究所选育。该品种生长势强，株形紧凑。花序高于或平于叶面，7～12 朵/序，4～6 序/株。两性花，花瓣 6～8 枚；第 1 花序顶花冠径 3.68 厘米。匍匐径 4 月中旬开始抽生，有分枝，抽生量多。根系较发达。果实圆锥形，较大，第Ⅰ、第Ⅱ级序果平均质量 21.6 克；果形指数 1.37，整齐；果面橙红富有光泽，着色一致，表面平整；种子密度中等，分布均匀；种子着生微凹，红色。果肉红色，髓心浅红色，无空洞；果肉细，质地脆硬；汁液中等，甜酸适度，香味浓；可溶性固形物含量 9.58%～12%（设施栽培），可滴定酸含量 0.742%，维生素 C 含量 9.783 毫克/千克。

在上海地区花芽形态分化期为 9 月下旬。设施栽培花前 1 个月内平均抽生叶片 4.59 枚；Ⅰ级花序平均花数 14.33 朵，收获率 61.7%，商品果率 93.95%；第 1 花序现蕾期 11 月中下旬，始花期 11 月 18 日，盛花期 12 月 2 日；第 1 花序顶果成熟期 1 月上旬，商品果采收结束期 5 月中旬，商品果率均在 82% 以上；病果率仅 0.41%～1.06%。田间调查结合室内鉴定，对白粉病和灰霉病的抗性均强于丰香。

**石莓 8 号**

河北省农林科学院石家庄果树研究所选育，母本是高硬度优系'455-3'（童子 1 号×石莓 4 号杂交育出），父本是丰产、优质、抗病优系'458-2'（枥乙女×全明星杂交育出），2013 年 12 月通过河北省林木品种审定委员会审定。植株长势强，株高 29.0 厘米，冠径 37.2 厘米×34.4 厘米。3～4 片复叶，叶色浓绿，叶面略呈匙状。每株出花序 3～6 个，每序着花 7～15 朵。每株抽生匍匐茎 15 根左右，平均每株繁育幼苗 30～50 株。果实圆锥形，稍有果颈，果面平整，鲜红色，光泽度强，果面着色均匀，萼下着色良好。无畸形果，无裂果。果实萼片平贴或稍离，萼心稍平，去萼较易。果肉橘红色，肉质细腻，纤维少；味酸甜，香气浓，可溶性固形物含量 10.3%；果实硬度 0.549 千克/平方厘米，耐储运。一级序果平均单果质量 42.7 克，二级序果平均单果质量 23.6 克。平均单株产量 444.5 克，单位面积产量可达 3 875 千克/亩。果实适宜鲜食，或加工果汁、果酱。在河北省石家庄地区露地覆膜栽培，2月下旬或3月上旬萌芽，3月下旬现蕾，4月上旬开花，5月初果实成熟，果实发育期28天左右；保护地半促成栽培2月底至3月初成熟，采收期可长达3~4个月。匍匐茎4月上中旬发生。抗灰霉病、革腐病、终极腐霉烂果病、炭疽病、中抗黑霉病、叶斑病等。

**福莓2号**

福州市蔬菜科学研究所选育，2014年6月通过福建省农作物品种审定委员会认定。以'佐贺清香'为母本，'法兰地'为父本配制而成的新品种。果实圆锥形，红色；肉质细腻，硬度中等，香味浓；可溶性固形物含量9.5%，总糖含量7.1%，可滴定酸含量0.47%，维生素C含量0.719毫克/克；平均单果质量20克。抗白粉病，适宜在南方地区露地或保护地种植。

**越丽**

浙江省农业科学院园艺研究所以'红颊'为母本，'幸香'为父本杂交选育而成的早熟草莓新品种，在浙江省12月上旬成熟。果实圆锥形，美观，顶果平均质量39.5克、平均单果质量17.8克。果面平整、鲜红色、具光泽、髓心淡红色、无空洞，果实甜酸适口，风味浓郁；总糖9.9%，总酸7.08克/千克，维生素C含量61.0毫克/百克，果实平均可溶性固形物含量12.0%，平均硬度331.0克/平方厘米。感炭疽病、中感灰霉病、抗白粉病，平均产量1 465千克/亩。适合设施栽培。

**越心**

浙江省农业科学院园艺研究所以优系"03-6-2"（卡麦罗莎×章姬）为母本，'幸香'为父本杂交选育而成的早熟草莓新品种，在浙江省地区11月中下旬成熟。果实短圆锥形或球形，顶果平均质量33.4克，平均单果质量14.7克。果面平整、浅红色、具光泽、髓心淡红色、无空洞，果实甜酸适口，风味甜香；总糖12.4%，总酸5.81克/千克，维生素C含量764毫克/千克，果实平均可溶性固形物含量12.2%，平均硬度292.8克/平方厘米。中抗炭疽病、灰霉病，感白粉病，平均产量2 490千克/亩以上。适合设施栽培。

### 太空 2008

植株长势中等，叶片中大，株形紧凑；叶片椭圆形，叶色深绿，叶脉叶缘锯齿明显，叶背面密生茸毛，叶表面有稀疏短茸毛；花大、花柄粗硬直立，花粉多，自花结实能力强，畸形果比例小；果实特大，一般单果重20~40克，最大果80克以上，平均单果重超过卡姆罗莎，果实多为长圆锥形及长楔形。花量中等，弱小花较少，一个果枝一般开花5~6个，结果5~6个，果实大小一致，整齐，果实发育快，成熟期差异不大；果枝出生密度高，一般植株有3个果枝同期生长，结果期无间断性，日光温室栽培总果枝在13个以上；果实硬度中等，果皮有韧性，果肉软硬适口，完熟后全果鲜红，美丽有光泽，采摘后储运期果色不变，产品货架期长；果肉红色，果味甜酸，甜味突出，甜度超过甜查理，香味明显，品质良好，结果期不抽生匍匐茎，生产管理简单。植株健壮，根系发达，成熟早，抗病力强。

### （二）日韩鲜食品种

### 桃熏

日本育种家野口裕司2012年育成的白果草莓栽培品种，母本是十倍体优系‘K58N7-21’（八倍体Karea草莓×二倍体黄毛草莓杂交，育出五倍体K58N7，染色体加倍后成为十倍体K58N7-21），父本是‘久留米1号’（八倍体丰香×二倍体黄毛草莓杂交，育出五倍体TN-13，染色体加倍后成为十倍体久留米1号）。植株长势中等，叶片圆形，深绿，果实圆锥形，成熟果实呈淡黄橙、淡粉的桃色，果肉白色，有黄桃味，果实稍软，耐寒抗病。

### 红颜

‘章姬’与‘幸香’杂交育成。植株生长势强、株态直立，株高28.7厘米，叶片大，深绿色。果形大，平均单果重15克左右，最大单果重达 58 克。果实长圆锥形，果实表面和内部色泽均呈鲜红色，着色一致，外形美观，富有光泽，畸形果少；酸甜适口，平均可溶性固形物含量为 11.8%，并且前期果与中后期果的可溶性固形物含量变化相对较小；红颜果实硬度适中，耐储运性明显优于章姬与丰香；香味浓，口感好，品质极佳。休眠程度较浅，花芽分化与丰香相近略偏迟；花穗大，花轴长而粗壮；具有章姬品种长势旺、产量高、口味佳、商品性好等优点，又克服了章姬果实软和易感染炭疽病的弱点。

**章姬**

由'久能早生'与'女峰'杂交选育而成，果实长圆锥形，果面鲜红色，有光泽，果形端正整齐，果肉淡红色，髓心中等大，心空，白色至橙红色。一级序果平均单果重 19.0 克，最大果重 51.0 克，可溶性固形物含量为 9.0% ~14.0%。香甜适中，品质极佳。该品种柔软多汁，耐储性较差，不抗白粉病。早熟品种，适于促成栽培。

**佐贺清香**

由'丰香'与'大锦'杂交选育而成，1998 年定名。果实大，一级序果平均单果重 35.0 克，最大单果重达 52.5 克。果实圆锥形，果面鲜红色，有光泽，美观漂亮，畸形果和沟棱果少。外观品质极优，明显优于丰香。温室栽培连续结果能力强，采收时间集中，丰产性比丰香强。第一和第二级序果形状及大小相差较小，整齐度好。果肉白色，种子平于果面，分布均匀。果实甜酸适口，香味较浓，品质优。可滴定酸含量 0.94%，可溶性固形物含量 10.2%，均与丰香相当。果实硬度 0.762 千克/平方厘米，明显大于丰香，耐储运性强，货架期长。植株长势及叶片形态与丰香相似，但略比丰香直立，新茎分枝稍少，花序上花朵数稍少。株高 20~25 厘米，叶片大，叶色浓绿。匍匐茎抽生能力与丰香相当，平均每母株繁殖匍匐茎苗 40~60 株。花梗粗壮。花芽分化期和开花期均比丰香早 5~7 天，休眠期极短，冬季温室栽培矮化程度轻。抗白粉病能力明显强于丰香，抗草莓疫病、炭疽病能力与丰香相当。

**幸香**

由'丰香'与'爱莓'杂交育成。果实圆锥形,果形整齐,果面深红色,有光泽,外形美观。一级序果平均单果重20.0克,最大单果重30.0克。果肉浅红色,肉质细,甜,有香气,香甜适口,汁液多,可溶性固形物含量10.0%。果实硬度比丰香大,耐储运,糖度、肉质、风味及抗白粉病能力均优于丰香。植株长势中等,较直立。叶片较小,新茎分枝多,单株花序数多植株休眠浅,适合我国南北方栽培。

**丰香**

由'绯美'与'春香'杂交育成,1983年申请品种登记。果实圆锥形,鲜红色,果实较大,一级序果平均果重15.5克,最大果重57.0克,有光泽,外观好,果肉白色,肉质细软致密,风味甜多酸少,香味浓,品质上,果较软,储运性一般。植株生长势强,株形较开展,叶大,圆形,叶色绿,叶片较厚,种子微凹果面。早熟品种,休眠浅,打破休眠需5℃以下低温50~70小时。该品种早期花易受低温危害,而花粉稔性差,易出现畸形果,棚内应养蜂辅助授粉。抗白粉病能力弱,储运性、丰产性、抗病性均较差,但因早熟、风味好、香味浓、品质上而受到人们的喜爱,以前在我国南北均有大面积栽培,可与其他品种互补适度发展,适合城市近郊、观光采摘园种植。

**隋珠**

植株生长势强,结果多,果实呈标准的圆锥形,果粒大,横径可达5~6厘米,单果重可达50~60克,果面平整,深红色,有蜡质感。果肉细润,甜绵,糖酸比高,入口清爽怡人,甘甜中带有优雅的香气,浓郁的草莓风味久久留于唇齿之间。丰产性好,耐寒性和抗病性较强。

**圣诞红**

极早熟品种,植株直立,平均株高19厘米。成花能力强,连

续结果能力强，产量高，

平均单株产量为486克。花序分枝，授粉率高，畸形果少，商品果比例大。果实表面平整，有光泽，果面颜色红色，果肉橙红，髓心白色，无空洞，80%果实为圆锥形。第一、第二级序果平均单果重35.8克，最大果重64.5克。果肉细，质地绵，口感极甜，可溶性固形物为13.1%。果实硬度和耐储性强于红颜。对白粉病和灰霉病均有较强的抗性，对炭疽病中抗。耐寒性和耐旱性较强。果实口感极佳，适合于亚洲消费者的需求，是生产优质鲜果和建立采摘果园的首选品种。

**甘露**

植株长势旺盛，耐低温能力强，叶色浅绿，叶片厚，花粉发芽力强，授粉均匀，坐果率高，畸形果极少；果实圆锥形，鲜红色，光泽强，果肉橙红，果个均匀，无果颈，甜味突出，香味明显。植株健壮，根系发达，品质良好，生产管理简单。果实硬度适中，耐储运性好。果大丰产，产量每亩一般达2 500千克以上。成熟早，在郑州地区大棚促成栽培，9月上旬定植，10月下旬现蕾，11月上旬开花，12月上旬初果期，连续坐果能力强，无断档。抗病性较强，抗白粉病和炭疽病。繁殖系数高，繁苗容易，每株繁苗50株左右。适合促成栽培，是一个极有推广前景的品种。

## （三）欧美鲜食品种

**甜查理**

美国品种，果实形状规整，圆锥形或楔形。果面鲜红色，有光泽，果肉橙色并带白色条纹，可溶性固形物含量7.0%，香味浓，味甜，品质优。果实硬度中等，较耐储运。一级序果平均单果重41.0克，最大达105.0克，所有级次果平均单果重17.0克。丰产性强，单株结果平均达500克以上，亩产可达3 000千克以上。抗灰霉病、白粉病和炭疽病，但对根腐病敏感。休眠期短，早熟品种，适合我国南北方多种栽培形式栽培。

**达赛莱克特**

法国品种，果实圆锥形，果形周正整齐。果实大，一级序果平均单果重35.0克，最大果重65克。果面深红色，有光泽，果肉全红，质地坚硬，耐远距离运输。果实品质优，味浓，有香味，酸甜适度，可溶性固形物含量9.0%～12.0%。丰产性好，一般株产300～400克，保护地栽培亩产3 500千克，露地栽培亩产2 500千克左右。植株生长势强，株态较直立，叶片多而厚，深绿色。适合露地、温室和拱棚半促成栽培。该品种具有果皮、果肉颜色全红，糖酸度大，硬度大，耐储运性好等加工品种的特点而作为鲜食加工兼用品种。

**阿尔比**

美国加利福尼亚大学2004年育成，日中性品种，可周年结果；促成栽培条件下果实上市早，北京及周边地区12月中旬可批量上市；产量高，平均单株产量700～800克。果实颜色鲜艳，有浓郁的草莓香味；果实长圆锥形，果个大，平均果重31～35克，最大可达110克，无畸形果。果实风味佳，口感甜酸适度；果实硬度高，耐储运，货架期长；抗白粉病、灰霉病和红蜘蛛，对炭疽病、疫霉果腐病和黄萎病有较强的抵抗力。适合于秋季促成栽培及夏、春季露地栽培，用做鲜食或加工都非常出色。

# 第五章　草莓苗繁育技术

## 一、草莓脱毒种苗培育技术

### （一）草莓病毒病概述

草莓因长期无性繁殖，在生产上受到多种病毒的侵染从而引起草莓植株发病称之为草莓病毒病。草莓病毒病在栽培品种上大多不表现明显发病症状，但草莓植株中病毒的长期积累会使植株出现生长势减弱、个体矮化、叶片变小、心叶黄化、畸形果多、果实变小、产量下降、品质变劣等品种退化现象，严重时可引起毁灭性灾害，给草莓生产带来巨大损失。在草莓生产中造成严重危害的病毒主要有草莓皱缩病毒、草莓斑驳病毒、草莓镶脉病毒、草莓轻型黄边病毒和草莓潜隐环斑病毒等。对草莓病毒病的防治目前尚无有效化学药剂，生产中解决的办法之一是采用脱毒种苗进行无病毒栽培。

### （二）草莓脱毒方法

草莓脱毒苗是经组织培养脱毒处理或直接引进，经检测后确认不携带相关标准规定检测病毒的种苗。草莓病毒脱毒的主要方法有热处理法、茎尖组织培养法和花药组织培养法。也有将热处理与茎尖培养相结合，对脱除草莓病毒较好，具有最大的实用性。其中茎尖培养不仅可以有效脱除病毒，而且可以快速繁殖、工厂化培育草莓苗，对草莓新品种的推广起重要推动作用。

1. 草莓茎尖培养法

外植体采样最佳时间为 6—8 月晴天的中午，选择无病虫、品种纯正的健壮植株，切取带生长点的匍匐茎段 2 ~ 3 厘米，用流水冲洗干净。将表面清洗过的外植体置于超净工作台上，用 70% 乙醇表面消毒 1 分钟，弃乙醇，加 0.1% 升汞和 1 滴吐温 – 20（Tween – 20）消毒 8 ~ 10 分钟，并不断摇动，然后用无菌水冲洗 5 ~ 8 次，用无菌滤纸吸干水分。再置于解剖镜下用解剖刀挑取 0.2 ~ 0.3 毫米的茎尖，接种于茎尖诱导培养基中。诱导培养至不定芽 1.5 ~ 2.0 厘米时分株接种于增殖培养基。经病毒检测合格的试管苗在增殖培养基上增殖，增殖培养每 20 ~ 30 天继代一次（总继代次数不超过 8 代），选 2 ~ 3 厘米的小苗转入生根培养基进行生根培养。

2. 草莓花药组织培养法

摘取花萼未张开花粉母细胞处于单核期的花蕾，放入 4℃ 冰箱中预处理 1 ~ 2 天。取预处理过的花蕾，在超净工作台上用 70% ~ 75% 乙醇浸泡 1 分钟，再用 0.1% 升汞消毒 5 ~ 10 分钟，并不断摇动，无菌水冲洗 5 ~ 10 次，然后去除花萼、花托等，用无菌镊子夹取黄色花药接种到愈伤组织诱导培养基中。诱导培养至致密愈伤组织直径为 0.2 厘米左右时转入分化培养基中诱导芽分化，待分化成苗后，进行病毒检测，对合格的试管苗进行增殖，增殖培养每 20 ~ 30 天继代一次（总继代次数不超过 8 代），选 2 ~ 3 厘米的小苗转入生根培养基进行生根培养。

## （三）病毒检测方法

草莓病毒检测采用指示植物小叶嫁接检测法、电镜检测法、双抗体夹心酶联免疫吸附检测法（DAS – ELISA）和分子生物学聚合酶链式反应检测法（PCR），在生产上只需采用其中一种即可。PCR 分子检测法简便、快速、准确度高、灵敏度高，但对检测技术和仪器设备等实验条件要求较高，目前仅被一些专业实验室采用。

　　利用指示植物小叶嫁接检测法是草莓病毒病鉴定的一种常规的、行之有效的方法。应用较多的指示植物有 EMC、UC5、UC10、UC11。通常用小叶嫁接法将待鉴定植株小叶嫁接到指示植物上，嫁接后两周开始观察症状表现，草莓斑驳病毒在嫁接后 10～20 天指示植物开始出现症状，说明草莓病毒在嫁接后两周内就能从带病毒接穗传到指示植物上。草莓镶脉病毒，嫁接后 15～25 天表现症状。草莓皱缩病毒和草莓轻型黄边病毒表现症状较晚，一般在嫁接后 30～45 天才能表现症状。症状首先在新展开叶上表现，然后在老叶上出现。EMC 和 UC5 对草莓斑驳病毒、草莓轻型黄边病毒、草莓皱缩病毒表现敏感，UC10 和 UC11 只对草莓皱缩病毒和草莓轻型黄边病毒敏感。

　　以聚合酶链式反应技术（Polymerase Chain Reaction, PCR）为代表的分子生物学检测技术，检测病毒具有快速、灵敏等优点，正逐渐成为病毒检测的主要方法。目前常用的方法有普通 PCR 检测和多重 PCR 检测。单重 PCR 一个反应只能检测一种病毒，草莓病毒多是复合侵染，利用单重 PCR 分别对多种病毒进行系统检测的工作量较大。多重 PCR 技术是在 1 次 PCR 反应中加入多对引物，特异性地扩增多个基因位点的反应，通过优化反应体系和反应程序，直到保证所有引物对都能在同一条件下扩增出目的条带。多重 PCR 可以同时检测多种病毒或区分病毒的不同株系，极大地提高检测效率，降低检测成本。实时荧光定量 PCR 技术（Real - time Fluorescent Quantitative Polymerase Chain Reaction, FQ - PCR）是 1996 年由美国 Applied Biosystems 公司研发的一种在常规 PCR 反应体系中加入荧光基团，根据荧光信号的积累同步实时监测 PCR 过程，并利用标准品构建的标准曲线达到对未知模板真实浓度定量分析的方法，它的优点是灵敏度更高、试验周期更短。将多重 PCR 和荧光定量 PCR 结合的检测方法是目前最新的技术，通过放入多个荧光标记及引物来同时检测单一样品中的多个病毒，比多重 PCR 检测更灵敏，比普通荧光定量 PCR 更快速。缺点是荧光染料价格高昂，对仪器设备要求比较高。

**（四）草莓脱毒苗的繁殖技术**

将生根的组培瓶苗在自然光下炼苗 4～7 天，然后移栽到种苗穴盘中，通过精心管理，植株长到 4～5 片叶，株高 4～5 厘米，有 10～12 厘米长的根系 6～7 条，即可移出定植于田间。通常把这些经过驯化培养的穴盘苗叫做原原种苗。脱毒原原种苗经原种场在育苗圃进一步繁殖获得原种苗。原种苗再繁殖一代即为生产用苗，其具体繁殖方法见后述草莓种苗繁育技术。

草莓生产者育苗可从专业育苗单位购买原原种苗和原种苗选择专门育苗圃进行草莓生产苗的繁育。原原种苗一般带穴盘销售，于每年的 3—5 月定植在网室内，定植时从穴盘中带基质取出栽植，夏季进行正常的肥水管理，到秋季每株原原种苗可繁殖 30～50 株合格的原种苗。

**（五）草莓脱毒苗的应用**

草莓脱毒苗习惯上又称之为无病毒苗，无病毒苗在生产上应用要注意以下几点。

1. **无病毒苗再侵染的防止**

草莓无病毒苗在生产上应用的重要环节就是防止病毒的再侵染，在生产的场所应根据病毒侵染途径做好土壤消毒和蚜虫防治工作，有的地区在种植了几年后仍未被病毒再侵染，而有的地方仅数月即被再侵染。因此，应采取措施尽量延迟病毒再侵染的时间。

（1）全面使用无病毒苗。草莓病毒主要靠无性繁殖由母株传导给子株，随着草莓苗的传播而扩散。在同一田块或附近田块，若有病毒植株存在，那么病毒就很容易通过蚜虫或其他传毒媒介侵染到无病毒苗上，从而很快造成病毒的再侵染。

（2）加强病毒检疫。加强病毒检疫是防止病毒病传播扩散的重要措施。在无病毒母株保存、繁殖的整个过程中要定期进行病毒检测，制定出一套无病毒苗的繁育规程，按规程进行操作。在田间利用无病毒种苗繁殖生产用种苗时也应注意对病毒的检测，以免繁殖出带毒苗用于生产。

（3）防治传毒虫媒。蚜虫和线虫是草莓病毒病的主要传毒虫媒，无病毒苗繁殖之前应先进行土壤消毒，不要在重茬田块上种植。栽植无病毒苗后，要及时防治蚜虫，特别是周围有老草莓园时更为重要，在5—6月蚜虫发生时以药剂喷洒防治，尽量降低虫口密度，减少病毒的再侵染。

（4）定期更换种苗。草莓无病毒苗使用一定时间后，在规模较大的产区经大田种植后被病毒侵染是不可避免的。因此，必须及时用无病毒苗更换已感染的植株。最好1~2年更换1次，以确保草莓的无毒化栽培。

**2. 无病毒苗的栽培特点**

生产应用实践证明，无病毒草莓不仅长势强，植株整齐一致，而且产量和品质明显提高。无病毒苗较带病毒苗株高增长17.7%~46.2%，叶面积增加2.6%~17.2%，叶柄长增加14.5%~41.9%，匍匐茎数多26.7%~89.5%，收获量增加7.8%~45.1%，果数增多8.7%~18.6%，单果重增加0.67%~24.1%，可溶性固形物含量提高3.8%~8.3%。无病毒苗的生长特性与普通苗有不一致之处，因此栽培上也应相应调整，才能发挥出无病毒苗的增加产量及提高质量的效果。

（1）无病毒苗营养生长旺盛，吸肥力很强，在假植育苗期应避免花芽分化期前的追肥，以免花芽分化期推迟。应用断根、剥老叶等措施调节体内的碳氮比，可使花芽分化期提早。

（2）无病毒苗较粗壮高大，在施肥量较大的情况下，对较高浓度肥料的忍耐力强于带毒苗。但生产地也应避免施肥过多，以免植株过多旺盛而影响着果。与带毒苗相比较，无病毒苗要适当稀植。

（3）无病毒苗的开花期有延迟的趋势，其开始采收期也相应推迟，但早期产量和总产量仍比对照高。由于每花序内着果数增多，单果平均重量有所下降，故应考虑适度疏花疏果，促进果实增大。生长过于旺盛时，容易发生灰霉病、叶枯病，应及早剥除老病叶，及时防治病虫害。

# 二、草莓生产苗繁育技术

## （一）优质壮苗的标准

草莓生产上采取一年一茬制的栽培方式，因此种苗的培育尤为关键。优质壮苗是草莓高产优质的基础。苗木质量与产量密切相关，据调查，优质壮苗每1 000平方米产量可达5 300千克，而劣质弱苗每1 000平方米产量在1 500千克以下。繁苗应选用专用母株，最好选用脱毒苗，采用脱毒苗一般增产20%～30%。草莓优质壮苗的标准因栽培方式不同而有所不同，一般标准为具有4片以上展开叶，叶色呈鲜绿色，叶柄粗壮而不徒长，根茎粗度1.2厘米以上，根系发达，须根多，粗而白，苗重20克以上，中心芽饱满，顶花芽分化完成，无病虫害。露地栽培要求培育苗龄适中的优质壮苗，促成栽培对苗的质量要求较高，要求花芽分化早，定植后成活好，每一花序都能连续现蕾开花，特别是第二花序以后的花序也能获得一定产量的健壮苗。

## （二）田间育苗技术

优质壮苗的标准在不设专门育苗圃的情况下很难达到，建立草莓专用育苗圃是国外及国内近几年草莓产区重点推广的育苗方式。建立育苗圃，便于培育高质量的适龄壮苗，也便于集中管理，省工省肥省水，同时减少病虫传播机会，便于实现专业化标准化生产，优质成苗率高。

草莓通过匍匐茎繁殖子苗的方法是生产上普遍采用的常规繁殖方法，组织培养法因成本高、技术性强，只在一些具备设施设备和技术条件的单位用来培育无病毒种苗，种子繁殖法因不能保持优良品种的种性，后代分离变异大，所以生产上不能采用。

1. 母株选择

选择品种纯正、健壮、无病虫害的脱毒原种苗作为繁殖生产用苗的母株。脱毒苗发出的匍匐茎多，植株健壮，子苗的产量高。生产上有些种植者采用结过果的植株在原有生产田直接进行繁苗，造成幼苗瘦弱，植株矮小，原种苗退化，病虫危害较重，产量降低30%以上。

2. 建立专用育苗圃

建立草莓专用育苗圃，其优点是：育苗与生产分开，因母株现蕾后摘除全部花蕾，不使其结果，可集中养分培育壮苗；母株在育苗圃中稀栽，为匍匐茎抽生和幼苗生长提供了良好的营养面积和光照条件，育出的草莓苗健壮。

苗圃应选在地势平坦、土质疏松、有机质丰富、排灌方便、光照充足、未种过草莓的新茬地块上，注意前茬作物未使用过对草莓有害的除草剂，前茬种过烟草、马铃薯、番茄等与草莓有共同病害的作物的地块也不宜作为育苗圃。苗圃选好后，每667平方米施腐熟有机肥5 000千克，过磷酸钙30千克和平衡型复合肥40千克，50%辛硫磷0.5千克拌细土撒入以防地下病虫害，耕匀耙细后做成宽1.2～1.5米的平畦或高畦，畦埂要直，畦面要平，以便灌水。干旱地区做平畦，畦埂高20～25厘米；多雨地区做高畦，畦高15～20厘米。作畦后定植母株前，可以喷施除草剂1次，以防栽苗后杂草旺长。草莓对除草剂敏感，防止使用不当或过量而产生药害，使用时需谨慎。

3. 母株定植

（1）定植时间。春季日平均气温达到10℃以上时定植母株，我国不同地域差异较大，郑州地区一般为3月下旬至4月上旬。

（2）定植方式。畦宽1.5米，将母株单行定植在畦中间，株距50～80厘米。抽生匍匐茎多的品种每畦一行，株距60～70厘米，如甜查理、达赛莱克特等；抽生匍匐茎少的品种每畦两行，如红颜、章姬等，行距1米，株距50厘米；每亩需母株800～1 000株，可产草莓苗3万～4万株。植株栽植时，要尽量带土壤移栽，合理深度是苗心茎部与地面平齐，做到深不埋心，浅不露根。栽植过浅，根系外露，易使母株干枯死亡；栽植过深新叶不能伸出，引起苗心腐烂。天气干旱时一般需连浇3次水，每隔2～3天浇水1次。

4. 苗期管理

（1）土肥水管理。繁苗母株定植后，用促根剂连续浇根2次，间隔7天。母株成活后，必须保持土壤湿润，以促发匍匐茎。苗地土壤肥沃，空间也大，极易生杂草，因此需多次反复除杂草，结合除草，松土保墒。可以在行间铺黑地膜防治杂草，随着草莓匍匐茎的生长卷起地膜，也可以使用氟乐灵或丁草胺防治杂草，但要谨慎使用，防止产生药害。在匍匐茎大量发生季节（一般5月下旬至6月上旬），每亩撒施45%硫酸钾复合肥10～15千克。在6—7月，需追肥2～3次，隔10～15天1次，每次每亩施尿素5千克，磷酸二氢钾10千克。施后灌水，或在下雨前施入。也可叶面喷施2～3次尿素和磷酸二氢钾，浓度为0.3%。7月以后追施磷钾肥，不再施用氮肥，培育壮苗，利于花芽分化。8月中旬以后停止施肥。草莓喜湿不耐涝，也不耐旱，因此暴雨过后需及时排水，以防土壤积水。当土壤水分含量低于田间持水量的75%时（即用力握土不成团时）需及时浇水，以保持土壤湿润，利于匍匐茎苗扎根生长和母株苗多发匍匐茎，铺设喷灌育苗效果更好。

（2）植株管理。在母株的花序显露时及时摘除花序，摘除得越早越彻底，越有利于节约营养和匍匐茎的发生。有些草莓品种抽生匍匐茎少，为促使早抽生、多抽生匍匐茎，可在母株成活后喷施1次赤霉素（GA$_3$），浓度为50毫克/升；也可于5月初、5月中旬、5月下旬各喷1次50毫克/升的赤霉素，每株5毫升，可促进母株多发匍匐茎，喷施次数应根据苗情掌握。育苗时需及时摘去老叶、病叶，以减少营养消耗和病虫危害。匍匐茎大量发生时，可将匍匐茎向母株四周拉开，并在匍匐茎第二和第四节上压土，也可以用压苗器、折弯成"U"的树枝、芦苇秆或铁丝固定子苗，以防其交叉或重叠，有利子苗扎根和生长，出现无根苗时，应及时重新培土。当每亩苗数在 3 万株左右时，可将匍匐茎剪除，使子苗独立生长。以后再发的匍匐茎也应及时去掉，使子苗更加粗壮。经常摘除老叶、病叶及后期发生的匍匐茎，一般 10 ~ 15 天摘叶 1 次，每株苗留 3 ~ 4 叶为宜，到 8 月 20 日止。并采取"控氮施磷钾，降温促分化"措施，喷施叶面肥、覆盖遮阳网，促进花芽分化。

控制密度，促进老熟。田间子苗繁育至目标数量时，及时拔除繁苗母株，防止苗田秧苗过密，促进通风透光。红颜和章姬草莓对炭疽病敏感，7 月以后是发病高峰，当苗长势太旺、太嫩和细长时，要及时喷施植物生长抑制剂，控制秧苗长势，促使秧苗矮壮老熟，增强植株抗病能力。药剂可选用 75% 肟菌·戊唑醇水分散粒剂 3 000 倍液，或用 43% 戊唑醇悬浮剂 5 000 倍液，或用 12.5% 烯唑醇 2 000 倍液，或用 15% 多效唑粉剂 1 200 倍液，或用 20% 三唑酮 1 000 倍液等，每隔 10 ~ 15 天喷 1 次，连续喷雾 2 ~ 3 次。

（3）做好炭疽病的防治。草莓个别品种不抗炭疽病，受淹或突遇高温天气极易发病，要在雨停间歇期，选用 25% 硅唑·咪鲜胺可溶液剂 1 200 倍液，或用 20% 苯醚甲环唑微乳剂 1 500 倍液，或用 40% 克菌·戊唑醇 1 000 倍液，或用 60% 吡唑醚菌酯·代森联水分散粒剂 800 倍液等喷施预防。当发现有炭疽病时，应用 25% 吡唑醚菌酯乳油 1 500 ~ 2 000 倍液，或用 32.5% 苯甲·嘧菌酯悬浮剂 1 500 倍液，或用 75% 肟菌·戊唑醇水分散粒剂 3 000 倍液，或用 43% 戊唑醇悬浮剂 4 000 倍液等进行防治，做到雨后一防，或每 3 ~ 5 天喷雾 1 次，连续防治 3 ~ 5 次。

## （三）假植育苗

由母株抽发的匍匐茎苗（子苗）的质量，直接影响到今后的果实大小和产量。匍匐茎苗秋季栽植时，叶片数越多，根茎越粗，植株的花序数、花朵数及果实数也越多。苗的大小及其生理状态与产量存在密切关系。假植育苗就是把繁殖圃中由匍匐茎形成的子苗从母株上剪下，移植到假植床或营养钵中并培育一段时间，再定植到生产田里。假植苗与非假植苗相比，明显提高草莓产量和质量。通过假植主要是提高了幼苗的质量。一是假植挖苗时相当于断根处理，可抑制根系对氮素的吸收，提高植株的碳氮比，有利于花芽分化；二是幼苗断根后，假植苗会发出较多新根，当定植到生产田时，缓苗快，成活率高；三是幼苗假植培育时，假植床和营养钵的水肥条件比田间好，并可人为控制，使幼苗分化出数量多质量好的花芽。但假植时间不能过长，一般为 30～60 天，否则易形成老化苗，反而影响产量的提高。草莓假植育苗有营养钵假植和苗床假植两种方式，在促进花芽提早分化方面，营养钵假植育苗优于苗床假植育苗。促成栽培和半促成栽培宜采用假植育苗方式。

1. 营养钵假植育苗

在 6 月中旬至 7 月中下旬，选取二叶一心以上的匍匐茎子苗，栽入直径 10 厘米或 12 厘米的塑料营养钵中。育苗土为无病虫害的肥沃表土，加入一定比例的有机物料，以保持土质疏松。适宜的有机物料主要有草炭、松针土、炭化稻壳、腐叶土、腐熟秸秆等，可因地制宜，取其中之一。另外育苗土中加入优质腐熟农家肥 20 千克/立方米。将栽好苗的营养钵排列在架子上或苗床上，株距 15 厘米。

栽植后浇透水，第 1 周必须遮阴，定时喷水以保持湿润。栽植 10 天后叶面喷施 1 次 0.2% 尿素，每隔 10 天喷施 1 次磷钾肥。及时摘除抽生的匍匐茎和枯叶、病叶，并进行病虫害综合防治。后期，苗床上的营养钵苗要通过转钵断根，控制营养生长，以促进花芽分化，促发新根，利于定植。营养钵假植与苗床假植相比，肥水控制更方便，花芽分化更好。促成栽培最适合采用营养钵育苗。幼苗和营养土一同定植在生产田时，有不伤根、不缓苗的优点，有利于幼苗的田间生长发育和提早开花结实。

2. 苗床假植育苗

苗床宽 1.2 米，每 667 平方米施腐熟有机肥 3 000 千克，并加入一定比例的有机物料。假植时期因栽培方式不同而异。一般假植时期比生产上定植时期早 30 ~ 60 天，促成栽培及高山育苗、夜冷育苗、钵盆育苗，在 7 月中旬以前起苗假植，9 月上中旬以前定植；半促成栽培和露地栽培于 8 月下旬以前起苗，10 月中旬以前定植。起苗前一天，需给苗圃浇 1 次水，起苗时选 2 ~ 3 片叶，株鲜重 8 克左右，较多白根的幼苗，幼苗起出后按苗质量分级、分块假植。幼苗先用 300 倍甲基托布津液蘸一下根，然后按 15 厘米 × 15 厘米的株行距栽入苗床，埋根留心浇透水。若此时气温较高，需用遮阳网或遮阳棚。如果挖出的幼苗不能马上假植，可将幼苗放在阴凉潮湿处，上盖湿草帘备用，但放置时间不能过长。

假植后的 1 ~ 5 天内，需每天浇水 1 ~ 2 次，待苗成活后揭去遮阴物。为保持土壤湿润和幼苗正常生长，假植后 1 个月内，需及时浇水，在此期间，结合浇水，每隔 10 ~ 15 天，追施尿素 15 千克/亩＋磷酸二氢钾 5 千克/亩 2 次；也可叶面喷施 0.3% 尿素＋0.3% 磷酸二氢钾 1 ~ 2 次；假植 1 个月后适当控制水分，使土壤含水量在田间最大持水量的 60% 左右。每隔 10 ~ 15 天喷施 0.3% 磷酸二氢钾 1 ~ 2 次，除此之外需经常摘除匍匐茎和老叶、枯叶、病叶，及时拔除杂草，注意防治病虫害。8 月下旬至 9 月初进行断根处理。如果管理得好，假植期间每周可发 1 片新叶，全株可发 10 片左右的新叶。最后幼苗定植生产田时，一般摘去老叶，留 4 片新叶。

3. 促进假植苗花芽分化的方法

草莓幼苗在假植过程中既需要完成一定的营养生长，也需要完成一定的生殖生长。草莓的花芽分化要求植株内部有较高的碳氮比，外部环境条件是低温短日照。如果内在条件和外在条件不能满足，则花芽分化的时间推迟，花芽数量减少，质量也差，从而严重影响草莓的产量和质量。我国南方地区的夏季（假植期）正处于高温、长日照阶段，为了促进草莓花芽提早分化，提高花芽分化质量，常在假植阶段采取短日照、低温处理等措施。

（1）短日照处理。

①遮光法。通过小拱棚上覆盖黑色或银灰色薄膜，使假植苗处于短日照环境，诱导假植苗花芽分化。一般8月20日至9月10日，每天傍晚覆盖，次日早晨去除，使日照控制在10小时左右。

②山间谷地育苗法。选择南北向谷地，东西两侧的山群如自然屏障遮阴，使谷地的日照比平地短。谷地的温度也较低，将苗床或营养钵假植苗置于山间谷地，可使草莓植株顺利通过花芽分化。海拔500米的山谷效果更好。

（2）低温处理。

①高山育苗法。一般山地海拔每升高100米，温度下降0.6℃，在海拔800~1 000米的冷凉山地上做苗床，于7月上中旬在山上假植苗，也可于8月中旬至9月中下旬将活动幼苗床或营养钵放于山上。在冷凉气候下假植苗提早花芽分化。

②夜冷育苗法。7月中旬在活动苗床或营养钵上栽植幼苗。从8月20日开始，至9月10日结束，处理20天。白天让幼苗在室外正常的光照和温度下生长发育，夜晚将其移入冷藏库，进行低温处理。每天于下午16:30将假植苗推入冷库。在4小时内将温度均匀地降到16℃之后，9小时将温度降到10℃。每天从早晨5:30，将温度升到16℃，然后移到室外，可有效促进花芽分化。

③低温冷藏法。于8月下旬，选5片叶以上，茎粗1.2厘米以上的假植苗挖出，洗净根部泥土，摘除老叶，保留4片叶，用湿报纸将苗包好，装塑料袋或箱中，置入10℃的冷库内，放置15天左右，可促进花芽分化。注意入库和出库前将幼苗置于20℃环境中适应1天。

### （四）草莓遮阳避雨育苗技术

红颜和章姬等日系草莓品种产量高、品质优、商品性好，耐低温能力较强，在冬季低温条件下连续结果性好，但抗热性和抗涝性差，在夏季高温露地育苗繁殖系数低，极容易感染炭疽病等病害，死苗数极高，导致育苗极其困难。在设施大棚内进行遮阳避雨育苗，可以克服红颜、章姬等日系草莓育苗难的问题，解决种苗的供应。

1. 苗床的选择和准备

苗床应选择土壤疏松肥沃、排灌方便、前茬非草莓的平坦地块，为了彻底解决红颜怕湿问题，可以选择在设施大棚内进行避雨育苗。母株栽植前先整理田地，在对田地进行翻耕前，施足基肥，每亩施用 1 000 ~1 500 千克的有机肥，外加复合肥 15 千克，然后做成宽 1. 5 ~1. 7 米，高 25 厘米的龟背形畦和宽 30 厘米左右的沟，在定植前 2 周施用 90% 晶体敌百虫喷拌炒香饼肥诱杀地下害虫，并用 50% 丁草胺进行草害的防治。

2. 母株的定植

有条件的可以选用脱毒苗作为母株进行定植，定植时间宜在 3 月中旬至 4 月下旬，每畦中间种植一行，组培脱毒苗株距为 60 ~80 厘米，每亩栽植 500 ~600 株。在选择生产苗作为母株时，必须选择无病虫害、生长势强的植株，株距为 50 厘米左右，每亩栽植密度 700 ~900 株。在对母株进行定植时，必须掌握好定植的深度，切不可将苗心埋于土壤中，在栽植前需将根系尽可能地舒展开，有利于母株的生长发育，栽植后浇一遍定植水。

3. 苗期管理

（1）肥水管理。红颜草莓怕涝怕旱，在繁苗期间必须使苗床保持湿润，利于苗扎根生长，因此对红颜草莓的水分管理极其重要。通过使用滴管设备，将滴管放在畦面上，滴管口朝上喷雾，少量勤灌，保持苗床湿润，切勿使用大水漫灌，防止表土板结。灌水时间宜在 12:00 之前或者在 15:00 以后，切不可在高温时的中午浇灌，以免出现伤根死苗现象。15 ~20 天应追施 1 次稀薄人粪尿或三元复合肥 5 千克，追肥 2 次左右。

（2）温度管理。在大棚内离地面处挂一温度计，草莓育苗期间白天最适温度为 20～25℃，夜间温度在 12～18℃，通过温度计来决定大棚两边裙膜是否闭合，当棚内温度超过 32℃，可以使用 60% 遮阳网进行遮阳降温。

（3）植株整理。根据母株匍匐茎的抽发情况决定是否进行赤霉素的喷施，如在母株成活后使用，可以喷施 0.005%～0.01% 的赤霉素 1～2 次。要及时摘除花蕾和剥除老叶，避免营养物质的损耗，对于抽发的匍匐茎要及时进行整理，将其有序地引放至苗床两侧空间，并对那些未扎根的浮苗及时定根，同时结合除草松土，保证土壤疏松，利于幼苗扎土生根。

## （五）草莓避雨基质育苗技术

利用避雨基质育苗能有效减少种苗苗期病害，提高繁苗系数，单株繁苗系数最高可达 70 株；既可以形成壮苗，花芽分化整齐，又可以促使草莓果实较露地常规育苗生产提前 16 天上市。

### 1. 棚室准备

草莓基质育苗要求塑料大棚通风、透光；棚外整洁无杂草。大棚四周应挖排水沟，防止夏季大雨灌入棚内，对草莓种苗的生长造成不良影响。

（1）覆盖棚膜。棚膜可采用聚乙烯膜，一个棚室覆盖 4 块棚膜，顶部由两片压接而成，设顶风口，注意顶风口在闭合时，要严格达到避雨的要求。棚膜要绷紧，否则会造成棚膜局部积水。

（2）处理地面。压实整个棚室的地面，并覆盖地膜或黑色地膜。一方面可以将土壤与种苗隔开，避免感染土传病害；另一方面可以减少杂草的产生，降低除草的人工投入。

（3）安装通风机。棚室内安装轴流通风机，促进空气流通，可有效降低棚室内的温度。根据棚室的大小和轴流通风机的功率确定通风机的安装数量。一般长 70 米、宽 10 米的塑料大棚可安装 4 个风量为 2 000 立方米/小时的轴流通风机，通风机安装在棚室的中央，轴心距离地面1.7~1.8米，南北方向顺序排列，间隔10~15米。也可安装简易排风扇替代轴流通风机。

2. 育苗槽（钵）准备

草莓母株栽培在育苗槽、营养钵或花盆中。育苗槽内径长60厘米、宽18厘米、高18厘米，营养钵或花盆内径在18厘米以上。子苗用内径10厘米营养钵盛接。

（1）育苗基质的配比与分装。育苗基质可采用草莓专用育苗基质，也可以按草炭：蛭石：珍珠岩为2：1：1的体积比进行配制。基质准备好后，分装在育苗槽（钵）中，要求尽量压紧实，基质的上表面距离槽（钵）边缘2~3厘米。

（2）育苗槽（钵）的摆放。育苗槽（钵）装好基质后，南北向摆放在塑料大棚中（图5-1）。为管理方便，母株育苗槽（钵）或花盆南北成行摆放。育苗槽连续摆放，不留空隙。母株营养钵或花盆间隔（中心距离）30厘米摆放。子苗营养钵摆放在母株育苗槽、营养钵或花盆的两侧，每侧排列4行。第1行子苗营养钵距离母株育苗槽（钵）25~30厘米（中心间距），子苗营养钵行间距（营养钵中心距离）20厘米。母株采用滴灌浇水，滴灌带放在靠近草莓母株根茎部的位置。子苗可采用滴灌浇水，滴灌带摆放方式同母株，也可采用人工管浇。母株用滴灌带出水口间距30厘米，子苗用滴灌带出水口间距10厘米。

3. 种苗（母株）选择

繁育原种一代苗，应选用健壮、根系发达、有4~5片叶的脱毒种苗作母株。繁育生产苗，应选用健壮、根系发达、有4~5片叶、无病虫为害的原种一代苗作母株。

4. 定植母株

（1）定植时间。在北京地区，塑料大棚草莓母株定植的适宜时期为3月下旬至4月上旬。

（2）定植要求。每个育苗槽内栽植2株母株，株距30厘米。若使用营养钵或花盆，每个营养钵或花盆栽植1株，栽植在钵

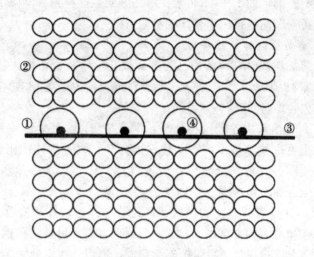

**图 5 - 1  育苗槽与子苗营养钵的摆放方式**

①母株营养钵（或花盆）；②子苗营养钵；③滴灌带；④黑点表示母株定值位置

（盆）的中央。母株定植时要把握"深不埋心、浅不露根"的原则。定植后浇足定植水。

5. 田间管理

（1）温度管理。3月底4月初，母株定植后温度较低，注意封闭棚室，温度保持在28℃，高于28℃可以打开顶风口，低于24℃及时关闭风口。进入4月中下旬，可以关闭顶风口，打开棚室东西两侧下部薄膜，撤下南北（门）两边的薄膜，加强通风。进入5月后，光照增强，温度升高，棚室覆盖遮阳网（遮阳率60%）进行遮阳降温。白天打开通风机，促进棚室内空气循环。

（2）水分管理。

①母株。母株定植水要浇透，之后水分管理分阶段进行。3月浇水1~2次，分别于9:00、11:00开始滴灌，每次5~10分钟；4月浇水2~3次，分别于8:00、10:00和14:00开始滴灌，每次5~10分钟；5—8月浇水3~4次，分别于8:00、10:00、12:00和

14:00开始滴灌，每次5~10分钟。一般在上午气温达到20℃左右时进行滴灌。每月用水管从母株上方浇水1次。

②子苗。一般在压苗后开始滴灌，6月浇水1~2次，分别于9:00、11:00开始滴灌，每次3~5分钟；7—8月浇水2~3次，分别于8:00、10:00和14:00开始滴灌，每次3~5分钟。每月用水管从子苗上方浇水1次。如果采用人工浇水，可根据基质的湿润状态每1~2天浇水1次，水要浇透。

（3）肥料管理。

①母株。母株缓苗后，根据叶色，每15~30天施用一次三元复合肥（氮：磷：钾为15:15:15，下同），每株10克，撒施在母株周围的基质上，穴施亦可。

②子苗。子苗切离后，追施三元复合肥，每7天追1次，每次每株2~3克，共追2次。8月后，每周叶面喷施0.3%磷酸二氢钾1次。

（4）植株整理。

①去除老叶、病叶和花蕾。整个种苗繁育过程中及时摘除老叶和病叶，以便通风透光，减少病虫害的发生。子苗保留4~5片叶。及时去除花蕾，减少养分消耗。

②引茎压苗。及时摘除细弱匍匐茎，每个母株选留6条健壮匍匐茎。匍匐茎上子苗长至一叶一心时进行压苗，匍匐茎引压在母株的两侧。使用专用育苗卡，或用铁丝围成"U"形，卡在靠近子苗的匍匐茎端，将子苗固定在子苗营养钵中，注意压苗不要过紧、过深，以免造成伤害。从母株匍匐茎长出的子苗为一级子苗，从一级子苗的匍匐茎长出的子苗为二级子苗，以此类推。一级子苗压在第1行子苗营养钵中，二级子苗压在第2行子苗营养钵中，三级子苗压在第3行子苗营养钵中，四级子苗压在第4行子苗营养钵中。

③子苗切离。7月中旬进行子苗切离，即剪断子苗与母株以及子苗与子苗间的匍匐茎。在靠近子苗的一端留3~4厘米匍匐茎。视子苗生长情况，可一次性全部切离，也可先切离母株和一级匍匐

茎，2~3天后再切离二级匍匐茎，以此类推。

6. 出苗标准

塑料大棚草莓避雨基质育苗标准：根系发达，新茎粗在0.8厘米以上，具有4~5片功能叶，植株健壮，病虫害发生少，壮苗率可达95%以上。

### （六）草莓高架自营养育苗技术

多数种植户采用较为简单、粗放的露地匍匐茎裸根繁殖的育苗方法，长时间自繁自育自用，导致草莓种苗繁育存在如下严重问题：病毒病发生频繁，草莓种苗病毒积累，品种退化严重；苗期高温、多雨使种苗炭疽病感染严重，繁殖系数低，种苗素质差；种苗繁育受自然条件影响大，丰歉不匀，种苗供应无保障；土传病害严重，需不断迁移育苗场地，造成种苗繁苗成本高。上述问题的存在，在增加生产成本和加大生产风险的同时，也严重制约着草莓优良品种的快速推广。为了有效解决上述问题，设施草莓脱毒种苗自营养高架育苗技术应运而生，在降低生产管理强度的同时，大大提高草莓的繁殖系数和草莓种苗质量，实现草莓种苗每年春秋两季繁育，取得了良好的经济效益。

1. 高架育苗设施

包括母株栽培系统和水肥灌溉系统。

（1）母株栽培系统。包括栽培架、栽培盆、栽培基质。栽培架1.8米、宽0.4米，由镀锌钢管焊接而成。栽培盆为长60厘米、宽40厘米的耐老化塑料盆，盆底部有孔状透水孔，栽培基质装8成满；栽培基质为泥炭：珍珠岩为2:1的混合基质，1立方米基质加入1.5千克缓释肥。母株栽培架在连栋大棚内南北方向摆放，两排栽培架之间的距离为1.5米。

（2）肥水管理系统。采用从以色列TALGIL计算机与控制有限公司引进的Meteor AC智能化水肥一体化灌溉控制系统进行水肥和养分管理，每棵母株有2个滴灌箭头负责滴灌供水和补给营养液，营养液配方为山崎草莓配方。滴灌系统于母株定植结束后覆盖地膜前插入到基质中。

2. 育苗技术及管理

（1）母株定植。母株选用具有 4~5 片完全叶，株高 15~20 厘米的健壮穴盘苗，2 月下旬按照每个栽培盆栽培 6 株母株（盆两边各 3 株）定植，定植时母株弓背向外侧。

（2）母株管理。定植约 7 天，母株萌发新根后，在栽培槽中间进行打穴追施（N、P、K 比例为 15：15：15）复合肥，4 棵草莓间追肥 40 克。种苗定植后 15 天，用细胞分裂素 1 000 倍液喷布母株，促进分蘖，每隔 15 天喷布 1 次，当母株有 5~7 个健壮分蘖时停用；匍匐茎发生初期，分别用 2 000 倍的植物动力 2003 或氨基酸 300 倍液喷布母株，10 天 1 次。

（3）子苗发生期管理。母株 4 月下旬开始抽生匍匐茎，在 4 月中旬和下旬各喷施 1 次 50 毫克/升赤霉素，子苗大量发生期间，保持基质湿润，加大肥水管理。匍匐茎子苗发生后悬挂在育苗架两侧，子苗由栽培架上的母株供应营养。待子苗全部挂满栽培架后，于 7 月 15 日从母株基部剪下匍匐茎，将子苗逐个定植到穴盘中进行生根培养。通过加强水肥管理，母株 9 月初又开始抽生匍匐茎繁育子苗，11 月 20 日再一次将子苗剪下，移入到穴盘中进行生根培养。移栽穴盘的匍匐茎子苗要达到 3 叶 1 心的标准。

（4）子苗移栽管理。子苗采用穴盘移栽，基质配方为草炭：珍珠岩为 2：1，1 立方米基质拌入恶霉灵原药 3 克。移栽时剪去子苗叶片，用凯润 3 000 倍及甲基托布津 1 500 倍的混合液浸泡 10 分钟后，边移栽边浇定根水，移栽后遮光 5 天；移栽约 7 天后，用 0.1% 磷酸二氢钾、氨基酸 800 倍液浇施，以后每间隔 7 天浇施 1 次，不施用氮肥。

（5）温湿度管理。育苗期间注意通风降温，尽可能降低棚内湿度，保持温度在 22~28℃，夏天注意雷雨大风天气及时关闭大棚。

（6）病虫害防治。整个种苗繁育期间及时防治蚜虫、螨虫及夜蛾类虫害发生和白粉病、炭疽病等病害发生。

采用脱毒草莓高架自营养育苗技术可以每年2茬苗，通过充分利用空间条件，可增加草莓繁苗母株的定植密度，扩大子苗繁育数量，提高繁育草莓种苗质量，减少病害发生，增加育苗效益。

## （七）草莓高架分层育苗技术

设备从日本引进。该设备采用无土化育苗，降低了土传病害的发病率，同时采用微电脑技术控制草莓生长所需的环境和营养，可培育出健壮的草莓苗，单位面积育苗量是传统育苗的3倍以上，定植成活率在95%以上，同时还加快了植株的花芽分化，使草莓提前上市，弥补了新鲜草莓的市场空缺，产量也较传统草莓提高30%以上，增加了农民的收益。

1. 设备安装

该设备结构主体分为三大部分，包括给水系统、环境控制系统及栽培架、灌溉系统。

给水系统主要对地下水进行净化，经过石英砂、活性炭以及其他过滤设备处理，去除水内的钙盐、镁盐及一些正负离子，使可溶性盐浓度值维持在 0.1~0.2 毫西门子/平方厘米，pH 值在 7.0 左右。经过去除离子净化的水，有利于营养液的配制，减少了因水内其他带电离子的影响而造成的一些微量元素流失，同时也因使用纯净水灌溉，相应地减少了水中携带病菌侵染植株的可能危害。

环境控制系统及栽培架主要以春秋大棚为安装主体，采用日本进口 PO 膜覆盖，棚内设有内遮阳，通过微电脑控制，可自动开启闭合棚内遮阳网，达到遮阳、降温的作用。棚头设有风机、水帘，为棚内降温、增湿。在 8 米跨度的大棚内建栽培架，东西 4 行，栽培架设有种植槽，分 5 层。种植槽分两种，种植母株槽为"V"字形，槽高 20 厘米，长 100 厘米，内设排水板及排水孔，以防沤根。另一种为长 150 厘米，高 6 厘米，作为子苗生产的种植槽，两侧设有排水孔。种植槽安装结构为母株槽设在最上层，下面4层为子苗槽，对称分布。采用此设计，可增加草莓育苗面积，增加子苗数量。

灌溉系统采用微电脑控制，进行定时定量给水给肥，不断补充草莓苗生长所需的N、P、K以及其他微量元素，满足其每天所需的营养。该系统由营养液罐、灌溉泵、灌溉滴带、微电脑配肥控制系统以及废液收集槽组成。可通过微电脑配肥，降低苗期因缺营养元素引起的生理病害，促使草莓苗期生长更健壮，同时提早花芽分化期，促进早熟、高产。灌溉采用滴灌设计，使之更节能节水。废液收集槽，可将灌溉废液收集，以便统一排放或二次使用，并降低化肥对土地的污染，减少肥耗。

2. 育苗技术及管理

（1）定植前草莓处理。定植前，首先将草莓的根部清洗干净，用剪刀去除一些老根，再用500倍的百菌清溶液浸泡清洗，清洗完毕后方可定植。

（2）定植。草莓定植时间为3—4月，株距为25厘米。用日本进口桦树皮作基质，其纤维粗、蓬松。首先将桦树皮基质装入顶端育苗槽内，装满、按实，一般每个基质包装袋（长50厘米，宽30厘米，高10厘米，净质量12千克）可装3个栽培槽。再采用专用钻头对装好的基质进行打孔（钻头锥形，打出的孔上大下小），每个栽培槽内打8个呈"V"字形的孔。按照钻孔的大小及位置定植处理好的草莓母株。定植后浇清水，使桦树皮吸水的同时进行清洗，可以看到废液管中有黄色液体排出。定植初期要适当进行人工补水，关闭内遮阳，逐渐增加光照时间，待草莓苗生长点直立后，便不需要人为进行补水。

（3）定植后管理。定植后的草莓母苗采用微电脑控制育苗灌溉系统，每天灌溉6次，给水给肥同时进行，营养液的配制主要使用日本商品A、B肥料，A肥的主要成分为植物所需的N、P、K以及少量EDTA–铁、硫酸铜和硫酸亚铅，净质量11千克。B肥为硝酸钙，净质量6千克。为防止A肥与B肥之间发生反应，产生钙盐沉淀，要分开包装。A、B两种肥料溶于相应的两个营养罐内，在补水过程中测定灌溉营养液以及废液的EC值，一般营养液EC值应在0.6~0.8毫西门子/平方厘米，废液一般在1.2~1.3毫西门子/平方厘米，期间营养液pH值在7.0左右，如果过高或过低，则应人为对自动施肥系统的稀释倍数进行调节。一般可每隔1周对营养液以及废液的EC值进行1次测定，以及时调整稀释倍数，补充营养罐中的母液，满足草莓苗适宜的营养。

人工管理主要是对草莓的老叶、花芽进行及时清理，以确保每株母苗有4~5片营养叶。

①温度管理。定植初期，由于外界温度过低，应注意保温，风口同样采用微电脑控制，定时通风，夜间关闭保温，定植1个月后，要控制好温度的变化，确保草莓苗生长的最适温度25℃左右，8月以后，夜间应注意通风，加大昼夜温差，尽快对草莓苗进行低温诱导，为移栽定植花芽分化作准备。

②湿度管理。草莓母苗定植初期，棚内湿度要保持在70%~80%，高湿的环境可以降低新栽草莓苗的蒸腾失水，并及时补水。待1周左右母苗成活后，再相应减少灌溉次数，此时已不需要在栽培槽内补水，但空气相对湿度要保持70%左右，可开启水帘、风机，达到增湿降温的目的。7—8月，可在棚内增加喷水带，以达到增湿降温的目的。

（4）子苗管理。

①子苗的固定及其管理。草莓母苗定植后，主要管理是及时去除花芽，留取匍匐茎，经过1个月的生长期，一级子苗便可以压条固定在最上面的子苗槽内，槽内装有基质，槽侧面有固定匍匐茎的专用卡口，草莓苗每隔4厘米固定1株，注意前期不需浇水。经过1周后，二级幼苗同样依次固定在下一级子苗槽内，以此类推，一直固定到三级、四级子苗。固定后的子苗和母苗要及时去除老叶，防治病虫害，植株每隔1周可喷施叶面肥补充营养。此期间正是北

方最热时期，要及时对棚内降温、加湿，还可在地面上喷水，防止草莓苗脱水。

②子苗灌溉。定植前 1 个月时可对草莓苗进行浇水，此次育苗对一级、二级草莓苗进行第 1 次灌溉的时间在 7 月，全部采用去离子水，灌溉时间大约 15 分钟，目的主要是将子苗槽内的基质完全浸透。1 周后进行第 2 次灌溉，此次浇入的是营养液，灌溉时间约 10 分钟，该营养液与母苗浇灌的营养液相同，同时对三级、四级子苗进行第 1 次灌溉，同样采用去离子水。此后，每隔 1 周灌溉 1 次营养液，从子苗开始灌溉到草莓移栽定植大约 40 天左右，子苗在此期间根系健壮生长，出现许多白色新根，有利于提高草莓的移栽成活率。

③炼苗移栽。在草莓定植前 1 周左右，用剪刀剪去草莓与草莓之间的匍匐茎，去除老叶，同时剪去母苗的所有叶片，目的是增加子苗透光率。在剪断匍匐茎后，棚内湿度相应地缓慢调低，缩短使用内遮阳时间，使子苗慢慢适应外界环境。1 周后，即可移栽定植。

④病虫害防治见第七章。

### （八）促进草莓花芽分化的措施

花芽分化是草莓生产中的关键，花芽分化的数量和质量是次年产量的基础。花芽分化与植株本身生长的健壮程度、日照长度、温度、营养水平、生长调节剂等都有关系。要促进草莓花芽分化，提高花芽分化质量，就要采取相应的技术措施。

1. 植株生长健壮，花芽分化早，花就多

植株生长过旺和衰弱，都不利于花芽分化。因此，要保证植株正常生长，苗期氮素不可施得过多，避免植株生长过于旺盛。

2. 花芽分化需要短日照和适当冷凉气候

了解了草莓这一特性后，就可以人为地创造一些局部性小气候环境，促进草莓的花芽分化，达到提早采收草莓果实的目的。例如在北方，由于纬度较高，进入秋季以后气温下降较快，可以满足草莓开始花芽分化的要求，所以限制草莓开始花芽分化的气象因子主要是日照时间，因此可采取人工黑暗（遮光）的方法，缩短每天的日照时间，达到促进草莓花芽分化的目的；或者在草莓休眠以前进行适度保温以延长花芽分化时间。在南方，进入秋季以后气温仍然较高，限制草莓开始花芽分化的气象因子主要是空气温度，所以设法降低草莓的环境温度，如进行草莓的夜冷育苗、草莓的高山育苗等，可以使草莓提早开始花芽分化。

3. 植株体内营养条件影响花芽分化

在花芽分化前期，如果氮素吸收过多，不利于花芽分化。因此在花芽分化前期（8 月中下旬）要控制植株营养生长，应不施或少施含氮多的基肥，7 月 20 日以后不能追施含氮素的肥料。

4. 生长调节剂对花芽分化也有影响

赤霉素对花芽分化起抑制作用，50 毫克/升以上浓度处理花芽不分化。脱落酸对草莓花芽分化有促进作用。多效唑在苗期喷施，能促进花芽形成。

## （九）草莓子苗出圃与运输

当大部分匍匐茎苗长出 4～5 片复叶，符合生产要求的壮苗标准时，可根据生产需要出圃定植。出圃时间为当地草莓定植的最佳时期。在北方定植时期为 8 月下旬至 9 月上旬，长江流域在 9 月中旬至 10 月中旬定植。起苗前 2 天浇 1 次水，使土壤保持湿润状态，起苗深度不少于 15 厘米，保持根系完整，避免伤根。定植地点距离苗圃近，最好带土坨移栽，以提高定植成活率。对需要国内远途运输或出口的秧苗，首先进行挑选和清洗，整理去掉大叶片，只留部分叶片和叶柄，50 株或 100 株捆成 1 捆，把苗并排栽在提前搭好的遮阳棚内，苗上盖遮阳网，等苗起够之后，把根部套上塑料袋保湿，然后把草莓苗加冰冻矿泉水瓶或冰袋后装纸箱或泡沫箱，在冷库预冷 24 小时以上，然后装入低温冷藏车运输或空运，也有用保温车加冰直接运输。

　　我国南方地区种植草莓采取"北苗南栽"，即在北方地区培育种苗，种植季节再运到南方定植。采取这种方式，种苗安全运输就是必须考虑的关键问题，大量运输采取航空运输，安全方便快捷。实践表明，比较安全的方式是在北方地区阴天或温度较低的晴天下午起苗，夜间整理打捆，然后装纸箱，纸箱规格一般长×宽×高为50厘米×32厘米×30厘米，纸箱四周留6~8个小孔透气，每箱装800~1 000株，或者装泡沫箱，箱内加冰冻矿泉水瓶或冰袋，每箱装2 000~2 500株。根据航班情况装好封箱后立即运到机场，在次日下午或傍晚运到目的地。如果有条件，可在起苗后将苗置于5℃左右的冷库中预冷6小时以上，然后再进行运输。秧苗运到后立即打开包装，以防发热烧苗，并用清水浸泡根系，然后再定植。

# 第六章　草莓设施栽培技术

## 一、草莓促成栽培技术

草莓促成栽培即选用休眠较浅的品种，通过各种育苗方法促进花芽提早分化，定植后及时覆膜保温，防止植株进入休眠，促进植株生长发育和开花结果，使草莓鲜果提早上市的栽培方式。这种栽培方式的关键在于选用休眠浅的草莓品种，采取促进花芽提早分化的育苗方法，以及塑料薄膜的覆盖时期和设施的保温。

促成栽培有日光温室促成栽培和塑料大棚促成栽培两种类型。在我国北方地区促成栽培主要以日光温室为主，而塑料大棚促成栽培主要在我国中、东部和长江流域。促成栽培方式具有以下优点：第一，鲜果上市早，供应期长。鲜果最早可在11月上中旬开始上市，陆续采收可延长到翌年5月，采收期长达6个月，比露地栽培可提早5~6个月，供应鲜果时间比露地栽培多4~5个月。第二，产量高，效益好。采用促成栽培可使草莓植株花序抽生得多，连续结果，采果期长，产量高。鲜果上市正值水果生产淡季，单价高，因此经济效益十分可观。

促成栽培除了需要有一定的经济投入建造保温设施条件外，还需要有较高的管理技术水平。

### （一）选择良种壮苗

促成栽培要求选择休眠浅、耐低温、品质好的草莓品种，如宁玉、红颜、章姬、幸香、甜查理等品种。为了实现果实提早上市，充分体现促成栽培的优势，应该使用优质壮苗、营养钵苗、假植苗。定植草莓植株的标准要求具有 5 ~ 6 片展开叶，叶色浓绿，新茎粗度 0.6 ~ 1.2 厘米，根系发达，苗重 25 克以上，无病虫害。

## （二）土壤消毒及整地作垄

草莓促成栽培由于使用的设施相对固定，往往在同一地块多年连作栽培（重茬），土传病害和有害微生物的积累和蔓延，根际周围的营养平衡失调，以及根系分泌的有毒物质等因素的综合影响，导致草莓生产中存在严重的连作障碍，造成病害严重、生长发育受阻、长势衰弱，甚至植株死亡、严重减产、绝收等严重危害。连作主要表现的病害为黄萎病、枯萎病、根腐病、革腐病等，为了确保优质、丰产，每年在定植前要实施温室土壤消毒。

### 1. 太阳能消毒

目前最安全、无公害的方法是利用太阳能进行土壤消毒，具体做法是：在夏季 7 月、8 月高温季节，将基肥中的农家肥施入土壤，深翻 30 ~ 40 厘米，灌透水，然后用塑料薄膜平铺覆盖和加大、小拱棚并密封土壤 40 天以上，使土温达到 50℃以上，以杀死土壤中的病菌和线虫。在翻地前，土壤中撒施 80 ~ 150 千克/667 平方米生石灰，灌水后覆塑料布可使地温升到 70℃左右，杀菌杀虫效果更好，这一消毒方法已被许多种植者应用。

### 2. 化学药剂消毒

用化学药剂消毒效果更好，常用的土壤消毒剂有棉隆和石灰氮等。

（1）棉隆。棉隆，又名必速灭，二甲噻二嗪，化学名称：3，5 - 二甲基 - 3，4，5，6 - 四氢化 - 2H - 1，3，5 - 硫二氮苯 - 2 - 硫酮，分子式为：$C_5H_{10}N_2S_2$。是一种广谱性的土壤熏蒸剂，可用于苗床、新耕地、盆栽、温室、花圃、苗圃、本圃及果园等。棉隆施用于潮湿土壤时，会产生异硫氰酸甲酯，迅速扩散到土壤团粒间，使土壤中各种病原菌、线虫、害虫及杂草无法生存而达到灭杀的效果。对土壤中的镰刀菌、腐霉菌、丝核菌、轮枝菌和刺盘孢菌等，以及短体、肾形、矮化、剑、垫刃、根丝和包囊等线虫有效，对萌发的杂草和地下害虫也有很好的效果。

施药量：棉隆的用药量受土壤质地、土壤温度和湿度等的影响，沙质土每亩可用 5～15 千克有效成分，黏质土用量适当加大。施药后应立即盖土覆膜。

施药时间：播种或定植前使用，夏季避开中午天气暴热时间施药。

使用方法：施药前应仔细整地，深度 20 厘米；提前适度浇水，水分保持在 76% 以上，撒施或用弥雾机喷施，施药后立即用旋耕机混土，混匀后加盖塑料薄膜，土壤温度应该在 6℃ 以上，最好在 12～18℃。覆盖天数受气温影响，温度越低覆盖天数越长，土壤温度 5℃ 时覆盖 25 天左右，通气时间 20 天左右；土壤温度 25℃ 时，覆盖时间为 4 天，通气时间为 2 天。施药用量根据当地条件进行调整。

注意事项：为避免土壤二次感染，农家肥（鸡粪等）一定要在消毒前加入，因为棉隆具有灭生性的原理，所以生物药肥不能同时使用。施药时应穿戴靴子和橡胶手套等安全防护用具，避免皮肤直接接触药剂，一旦沾污皮肤，应立即用肥皂、清水彻底冲洗。施药后应彻底清洗使用过的衣服和器械，废旧容器及剩余药剂应妥善处理和保藏。该药剂对鱼有毒，防止污染水塘。药剂应密封于原包装中，并存放在阴凉、干燥的地方，不得与食品、饲料一起贮存。

（2）石灰氮。石灰氮学名为氰氨化钙，是药、肥两用的土壤消毒杀菌剂。

土壤消毒法（石灰氮＋水＋太阳能＋有机肥或秸秆）：在地表撒上有机肥和碎稻草或麦秸（每亩撒施 800～1 000 千克）及石灰氮（每亩 30～40 千克），与土壤充分混合（用旋耕犁旋二遍），起垄（垄宽 60 厘米，高 40 厘米），并盖上地膜，沟内灌水，将大棚密闭。白天地表温度可达 70℃，20 厘米深层土温在 40～50℃，持续 20~30 天，就可起到土壤消毒和降盐的作用。消毒结束后，揭膜通风 5~7 天即可种植草莓。

对土壤耕层不足 20 厘米的地块，土壤板结盐渍化较重的大棚内，或根结线虫发生较普遍的棚内，在进行消毒时必须先进行土壤深翻 30~40 厘米，然后撒上石灰氮、秸秆（麦秸或玉米秸、或鸭圈粪、喂牛剩余的草渣、粉碎的鲜瓜豆类秧蔓）后，旋耕二遍，再起垄、盖地膜（封闭越严越好）、灌水、密闭大棚，进行高温闷蒸。消毒时间可从 6 月中旬至 8 月底进行。温度越高杀虫、灭菌效果越好。

对于病、虫害不是太严重，或只有死秧而没有根结线虫的棚，或上一年进行过严格消毒的棚室可采取简易法，沟垄交替免耕法：将原来的走道深挖宽 30~40 厘米，沟深 25~30 厘米，就地将秸秆（干秸秆 600~1 000 千克）等，与石灰氮（50 千克/667 平方米）和下茬作物用的有机肥一起施入沟内，边撒边与垄背土同时回填，整平后再撒一遍石灰氮（15 千克/667 平方米），然后取原垄背土覆盖在上面，形成新的垄背，原来的垄背变成沟。盖地膜、灌水、闷棚 20 天左右。要注意棚膜清洁，保持良好的透光性，提高消毒效果。揭膜晾 5~7 天，根据茬口可直接种植下茬作物，若种植夏秋茬作物不需要施用其他肥料可直接种植。若在 8、9 月消毒时，最好用新棚膜，透光性好，消毒效果明显。

3. 整地做垄

8 月中旬平整土地，施入腐熟的优质农家肥 4 000~5 000千克和氮磷钾（15：15：15）复合肥 40~50 千克（如进行太阳能或化学药剂消毒，农家肥应在消毒前加入），然后做成南北走向的大垄。采用大垄栽培草莓可增加受光面积，提高土壤的温度，有利于草莓植株管理和果实采收。大垄的规格为：上宽 40~50 厘米，下宽 50~70 厘米，高 30~40 厘米，垄沟宽 30 厘米。

### （三）滴灌安装及定植

**1. 滴灌安装**

（1）作用及意义。为了克服草莓设施栽培中湿度大、病害重、花工多、劳动强度大等弊病，近年来我国各地引进了草莓膜下滴灌技术。

草莓温室内应用滴灌技术可以达到一快、二降、三提、四省的效果。

一快：投资见效快。使用膜下滴灌系统可节约大量人工，而每667平方米棚内设施一次性投资滴灌、微喷为500~1 000元。

二降：降低棚内空气相对湿度，减少了病害的发生和蔓延。由于膜下滴灌是把水直接送入作物根部的土壤中，棚内无明水，蒸发少，相对湿度明显降低，一般冬季夜间平均降低11%，春季夜间降低8%。

三提：提高灌溉质量，提高草莓品质，提高草莓产量。滴灌设施基本可以做到适时适量适速灌溉，有利于改善土壤中的固、液、气态三相结构。土壤结构不受破坏，肥料不流失，肥效发挥好，而且土质松，保持较好的团粒结构，保证土壤微生物的活性，加快作物对养分的吸收。同时灌溉也可以防止普通灌水方法对地温的影响，可明显提高地温。

四省：一是省水。滴灌系统可以防止水分向深层土壤下渗漏，也可以减少地表径流和水分蒸发，从而可减少灌水量，可节约用水50%~80%。二是省肥。应用该系统追肥可采用先溶解后随水追施的方法。一般每667平方米草莓地可节约用肥20%。三是省药。采用该系统可减轻病害的发生与蔓延，从而减少了打药的次数和用药量。四是省力。使用膜下滴灌系统，灌溉前也不需整畦，灌水不需人工看管，只要接通电源，开动水泵，打开阀门就可自动灌水施肥。

（2）滴灌设备技术要求及安装。滴灌送水需要每平方厘米的压力为1~1.5千克，用水泵即可。滴灌管道的安装级数，要根据水源压力和滴灌面积来确定，一般采用三级管道，即干管、支管和毛管。

干管：一般采用直径 12~15 厘米硬质塑料管，埋在地下 50 厘米处，伸入大棚后，即返出地面。

支管：一般用直径 6~8 厘米软质塑料管，与草莓垄的方向垂直排放，一端与干管接通。

毛管：一般用带有滴孔的直径 16 毫米塑料软管，安装时滴孔向下，根据栽培习惯每行草莓一条或两行一条，每 667 平方米需要 600~1 200 米。一端支管接通，另一端折回拴死即可。

在干管的进水口处，一定要安装过滤器，用以过滤水中杂质，防止滴管堵塞。在支管上安装施肥器，用于滴灌过程中施用肥料和农药。

2. 定植与补苗

根据栽培区域和育苗方式确定草莓定植时期。对于营养钵假植苗，当顶花芽分化的植株达 80% 时进行定植，营养钵假植苗定植过早，会推迟花芽分化，从而影响前期产量；定植过迟，会影响腋花芽的分化，出现采收期间隔拉长现象，从而影响整体产量。对于非假植苗，一般是在顶花芽分化后的 10 天左右定植，定植后缓苗期正赶上侧花芽分化，由于正在缓苗的植株从土壤中吸收氮素营养的能力比较差，所以有利于花芽分化。北方棚室栽培一般在 8 月下旬至 9 月初定植，南方大棚栽培在 9 月中旬至 10 月初定植。

采取大垄双行的定植方式，植株距垄沿 10 厘米，株距 15~20 厘米，小行距 25~30 厘米，每 667 平方米用苗量 8 000~12 000 株。做好垄后铺设喷灌管道，在定植前 1~3 天喷水洇垄，垄上不平整的地方及时整理，定植时秧苗不宜深也不宜浅，要做到埋根露心，幼苗的弓背方向朝向垄沟，以便以后从弓背方向抽生的花序伸向垄沟方向，使果实生长于垄两侧，果实光照充分，着色良好，采收也方便。定植后的前 7 天内，每天需浇水 1~2 次，以后依土壤湿度进行灌溉，以保证秧苗成活良好。温度过高可以在棚架上覆盖遮阳网，效果更好。

草莓定植后，经常会因为栽植过深、种苗染病、浇水不足等原因造成死苗，补苗是草莓生产中一项常见的工作。可以在定植后把剩下的草莓定植在 10 厘米 × 10 厘米的营养钵中，浇足水，摆放在温室的一侧或后墙边，等待补苗，补苗时连同基质定植在垄上。

如果存留的草莓苗不足补苗，也可以采用匍匐茎苗进行补苗，选择缺苗处周围健壮的植株，留取匍匐茎，待匍匐茎苗长到 1 叶 1 心时，将匍匐茎苗压在缺苗处，待匍匐茎苗活稳后，从距离匍匐茎苗 3～4 厘米处剪断。

### （四）覆膜保温及地膜覆盖

#### 1. 覆棚膜时间

草莓在花芽分化后，需要长日照和较高温度条件下才能开花结果。促成栽培主要目标之一是防止秋冬植株进入休眠，因为植株一旦进入休眠要打破休眠就比较困难。扣棚的时期一般在顶花芽开始分化 1 个月后，此时顶花芽分化已完成，第一侧花芽正在进行花芽分化。此时在外界最低气温降到 8～10℃，平均温度在 15℃ 左右时进行。我国的北方一般在 10 月中旬为保温适期，南方在 10 月下旬至 11 月初为保温适期。扣棚的时期不能过早或过迟，扣棚过早，气温高，植株生育旺盛，侧花芽分化不良，着果较少，产量降低；扣棚过迟，植株容易进入休眠状态，生育缓慢，由于营养生长不旺导致产量低，成熟期推迟，达不到促早栽培的目的。如果采用假植、盆钵育苗、高山育苗等促进花芽分化的措施，由于顶花芽和侧花芽分化均提早，所以，扣棚的时间也可相应提前。

#### 2. 地膜覆盖

为了保持地温，使草莓继续生长发育，一般在棚膜覆盖后 10 天覆盖地膜，以提高土温，降低棚内湿度，防止病害发生。目前生产上普遍使用黑色地膜，可防止草害发生。覆盖时间不宜过迟或过早，过早地温高会伤害根系，并推迟侧花序的花芽分化；过迟提高地温效果差，影响植株旺盛生长。覆盖地膜时一般在下午将全部秧苗覆盖在膜下，并将膜拉平压好用土封埋四周，以防风刮掀，并及时在每一株秧苗附近用小刀划条短线，将所有秧苗掏出，以防止高温伤叶。覆膜前需施肥1次，每亩随水冲施氮磷钾20∶20∶20水溶性肥5~10千克。

3. 冬季保温

在11月中下旬气温已经较低，棚室内夜间温度开始影响草莓的生长发育，此时必须及时覆盖保温材料或在棚内增设中、小拱棚进行保温，使草莓正常生长发育，达到促成栽培的目的。在中部地区，日光温室覆盖草帘、棉毡、保温被等，大棚促成栽培采用2层膜＋1层防寒毡，或3层膜覆盖，寒冷地区还需利用热风机等措施增温。

## （五）促成栽培温度的管理

促成栽培的目的是使草莓最大限度地提早上市，填补市场空白，获得较高价格，取得良好的经济效益。第一批浆果上市，要求在元旦前后，部分地区最早可提早到11月上旬，开始花芽分化最迟需在9月20日左右。扣棚需在10月20日左右。为了增加早期产量和总产量，必须维持植株的生长势，生长势强，结果多，果个大。由于草莓季节性强，每个环节需要进行精细管理，其中温度的管理至关重要。草莓花芽分化是在较低温度和短日照条件下进行，但花芽的进一步发育，花器官的形成，开花结果及果实生长却要求在较高温度和长日照条件下完成。自然条件下，从花芽分化后的11月到翌春是处于低温、短日照的不利时期，促成栽培正是要在这样不利的光温条件下使草莓开花结果，这就特别要重视根据草莓的生育条件进行温度管理，否则会对草莓产量和品质造成极大的影响。促成栽培温度管理指标如下。

现蕾前：在扣棚保温后到花蕾伸出前，一般需要较高的温度，以促进根系吸收更多的养分，有利于植株生育和开花。这一段时间要求白天24~30℃，夜间15~18℃，最低不低于8℃。

现蕾期：要求白天25~28℃，夜间8~12℃，不高于13℃，如果现蕾期夜温过高（13℃以上）会使腋花芽退化，雄蕊、雌蕊的发育受到不良影响。

开花期：要求白天22~25℃，夜间8~10℃。进入花期后，对温度的要求比较严格，温度过高，果实发育快，发育期短，果个小；温度过低，果实发育慢，成熟晚，果个大。

果实膨大期：白天23~25℃，夜间6~10℃。这个时期如果白天温度在23~25℃以下，果个更大。

果实采收期：白天宜保持20~23℃，夜间5~7℃。如果晚上达不到温度要求可设置中、小拱棚进行2~3层覆盖，还可加盖纸被、草帘、保温被或防寒毡等，以提高夜间温度，保证夜温在5℃以上。

### （六）设施内湿度调节

1. 土壤湿度的调控

扣棚保温后，大棚内温度较高，草莓叶片及土壤蒸腾量也很大，因此土壤很容易干燥，如果水分不足，叶片常萎蔫，土壤表面也干燥。由于草莓的需水量很大，通常每隔5~7天需灌溉1次，冬季10~15天灌溉1次，每次需灌透土层30~40厘米深，使土壤长期保持湿润。草莓根系吸水是否充分，是草莓生长好坏的关键措施之一。

2. 空气湿度调节

大棚扣棚保温后，由于处于密闭状态，所以空气相对湿度很高，通常达90%以上。在开花期间，如果湿度过大，花药不能裂开，花粉不能散出，所以授粉受精不良，易产生畸形果，且坐果率下降。因此花期一般保持棚内湿度60%~70%，要结合温度管理加以放风，来降低空气湿度，沟内覆地膜即全园覆地膜，不露土壤，使土壤水分不能大量蒸发在棚内的空气中，以降低空气湿度。在果实的采收期，空气湿度过大果实易发生灰霉病而引起大量烂果，注意空气湿度的调节，防止棚内湿度过大。

### （七）光照控制

草莓在秋冬低温，短日照条件下，易矮化休眠，为了促进植株生长，抑制其休眠，除采用保温措施外，还需结合电照栽培、赤霉素处理才能有效地促进植株旺盛生长和开花结果。喷施赤霉素需要根据品种的特性进行，如红颜、章姬、幸香、宁玉等品种不需要赤霉素处理。电照栽培是在设施内安装白炽灯使其把光照每天延长到13~16个小时。通常每100瓦的白炽灯照光面积10~15平方米，每667平方米安装灯泡40~50个，灯高1.8米，一般在11月底至翌年2月上旬的70天中进行照明，每天17:00—22:00照光约5个小时，以补充冬季的光照不足，达到草莓开花结果期需要的长日照效果，电照栽培可显著提高草莓的产量。

### （八）植株管理

从定植到果实采收结束，植株一直进行着叶片和花茎的更新，为保证草莓植株处于正常的生长发育状态，花芽分化和发育符合要求，经常进行植株管理工作是必需的。

1. 摘老叶、病叶

植株定植成活后，新叶不断发出，子苗所带的叶片逐渐变色老化，失去光合作用的功能，应及时摘除，这是第一次摘叶。由于新叶与老叶制造的物质不同，老叶具有较多抑制花芽分化的物质，在整个生育期间要不断地摘除老叶，以促进花芽分化。同时老叶、病叶制造的光合产物抵不上自身的消耗成为无功能叶，并且衰老叶片也容易诱发病害。因此，在新生叶片逐渐能维持植株正常生长、开花结果时，应定期摘除病叶和黄化老叶，以减少草莓植株养分消耗，改善植株间的通风透光情况和减少病害。另外，在开花结果期，如果植株长势过旺，叶片数过多，即使叶片未衰老的成熟叶片也可部分摘除。但不能过度摘叶，一般每株保持10~15片叶，否则会使开花和果实膨大缓慢、推迟成熟期。

摘除草莓叶片应根据草莓的不同生长阶段采取不同的方法。草莓定植之初（7~10天），当第一片新叶长出3~5厘米时，草莓植株上的枯叶和烂叶已失去光合作用的功能，此时如摘除老叶，应使用剪刀，在距离叶柄基部10~20厘米处剪掉叶片，以后再去掉残留的叶柄，以利于早发新根。不可用力拽下叶片，伤害草莓根系，不利于草莓的缓苗。

草莓定植20天后，用手轻触草莓植株，感觉草莓扎根紧实，植株不再晃动，并且早上可见叶片有"吐水"现象，说明草莓根系生长良好，已开始生长，此时，如需去除老叶或叶柄，可抓住叶柄向一侧轻轻一带，摘除叶鞘和叶片。如果草莓还有些晃动，为了不伤害根系，可一只手扶住根茎部，另一只手带下叶片。对于叶片2/3正常且直立的叶片不能摘除，强行摘除会造成对根茎部的伤害，容易感病，并且影响光合作用。

在草莓的生长过程中，大概每7~8天生长1片叶子，新叶不断产生，老叶不断枯死。当发现植株下部叶片呈水平生长，叶鞘边缘开始变色，说明叶子已经失去光合作用功能，需要及时摘除，摘除时要连同叶鞘一起摘除。摘除叶片有利于早发新根，通风透光，较少病害发生，果实充分见光，成熟转色快，口感好。特别是畦中间的叶片，要注意整理。但摘叶不宜过多，应根据植株和叶片的长势决定是否摘除。只要植株长势正常，叶片机能健全，满足通风透光条件，可不摘除叶片。

摘除叶片的工作应该在晴天的上午进行，摘下的叶片装到塑料袋中，带出温室，在远离温室的地方挖坑填埋。

2. 去除匍匐茎和弱芽

当植株发出新叶后，会不断发出腋芽和匍匐茎，为了减少植株的营养消耗，增加产量和大果率，必须及早去除刚抽生的腋芽和匍匐茎，这样可避免较大的伤口，促进顶芽开花结果。在去弱芽时需根据不同的品种、秧苗质量和株行距，留强壮的腋芽1~2个，密度大的留 1 个壮腋芽，密度小的留 2 个壮腋芽。另外，结果后的花序要及时去掉。

3. 赤霉素（GA$_3$）处理

赤霉素可以防止植株进入休眠，促使花梗和叶柄伸长生长，增加叶面积，促进花芽发育。赤霉素的处理时期以保温后一周为宜，使用浓度为 5 ~ 10 毫克/升，使用量为 5 毫升/株，使用时把药液喷在苗心。由于赤霉素处理后有开花数增多，小果比例增加，根重减少，植株徒长的倾向，因此，喷布赤霉素的浓度和次数一定不能过量。使用浓度及次数依品种不同而异。休眠浅的品种，用 8 毫克/升的赤霉素液，每株喷 5 ~ 7 毫升，喷 1 次即可。而对休眠中等的品种如宝交早生，则需用 10 毫克/升的赤霉素液，每株喷 5 毫升，10 天后需再用 5 毫克/升赤霉素液，每株喷 5 毫升。喷施效果与温度关系较密切，喷施时间以阴天或晴天傍晚时为宜，避免在午间高温时喷施。喷施赤霉素需要根据品种的特性进行，甜查理在现蕾期喷 10 毫克/升赤霉素 1 次，红颜、章姬、幸香、宁玉等品种休眠浅，花梗较长，一般不需要赤霉素处理。

（九）花果管理

1. 花期授粉

花期用蜜蜂或熊蜂来提高授粉质量，提高坐果率，减少畸形果的发生，一般每 667 平方米棚室放 1 ~ 2 箱蜂，蜜蜂数量以一株草莓一只以上蜜蜂为宜，注意通风口上要用纱布封好，防止蜜蜂飞走。蜜蜂箱一般应在花前 1 周放入，以便使蜜蜂能更好地适应棚室内的环境。蜜蜂在气温 5 ~ 35℃出巢活动，生活最适温度是 15 ~ 25℃，蜜蜂活动的温度与草莓花药裂开的最适温度（13 ~ 20℃）相一致。在棚内温度低于 14℃或高于 32℃时，蜜蜂活动较迟钝而缓慢，在晴天 9:00—15:00，大棚内气温在 20℃以上时，蜜蜂活动非常活跃，授粉效果很好，注意放蜂期不能使用对蜜蜂有害的杀菌剂和杀虫剂，最好将蜂箱暂时搬到别处，并注意防止高温多湿给蜜蜂带来病害。

温室大棚内放养蜜蜂的技术性很强，若不能正确放养，不但达不到应有的目的，还会造成蜂群变弱死亡。放蜂时要注意以下几点。

一是保温。由于棚室内昼夜温差太大，不利于蜜蜂的繁殖，因此，蜂箱应离地面30厘米以上，并用棉被等保温材料将蜂箱包好保温。这样蜂箱内的温度变化不大，有利于蜜蜂繁殖并提高工蜂采集花粉的积极性，从而提高草莓授粉的可能性。

二是喂水。为了保证蜂王产卵、工蜂育儿的积极性，必须适当喂水。防止蜜蜂落水淹死，给蜜蜂喂水的小水槽或盘子里应放些漂浮物，如麦秆、玉米秸秆、竹筷等。

三是喂蜜。当发现缺蜜时要及时用1千克蜜对100～200克温开水搅匀后饲喂，或者用白糖与清水以1：1的比例熬制，冷却后饲喂，水可偏少不能太多，防止蜜蜂生病。饲喂时蜜（糖）水上也要放漂浮物，防止蜜蜂淹死。

2. 疏花疏果

疏花疏果可减少营养的消耗，使营养集中在留下的花果上，从而增加果实的体积和重量。一般大果型品种保留第一、第二级花序和部分第三级花序，中小型果品种保留1～3级花序花蕾，对第四、第五级花序全部摘去，同时注意摘去病虫果、畸形果，一般生产上每个花序留果实4～8个，根据植株的长势、品种不同和市场需要选留不同的数量。红颜一般每株可抽生6～7个花序，为了增加大果数，提高质量和产量，一般每个花序只留3～5个果，也有部分地区不疏花疏果。甜查理一般不疏花疏果，只摘去病虫果、畸形果。具体留果数可根据花梗的粗细、叶片数量、大小、厚度、颜色来决定。花梗粗、叶片多、大而厚、叶色深的品种要多留果，反之要少留果。

3. 草莓畸形果的发生原因及防控对策

由于雄蕊或雌蕊的稳定性以及环境条件所造成的受精不完全，

使未受精的部分果实膨大受抑制而产生不正果形称畸形果。与畸形果有区别的是果形象鸡冠的鸡冠果和果形扁平如扇状的带果，习惯上将这两种果称为乱形果。鸡冠果易发生于植株营养条件良好的第一级果，在开花时花托部分变得宽大，早期可以预测。当花芽分化时，日照长度在 11 小时以内易产生带果，可能是 2~3 个果柄连生在一起，形成宽大的果柄而发生带果，带果的发生品种间差异较大。

（1）草莓畸形果的发生原因。

①环境因子。温度和湿度是影响草莓畸形果发生的主要因素。草莓花期遇连续阴雨或空气湿度过大，导致花药开裂受阻，花粉传播不良，影响雌蕊柱头受粉；花期温度低于 0℃ 亦会影响授粉受精。此外，低温和阴雨伴随的光照不足造成花粉发育不良，发芽率低下，从而影响授粉受精和果实发育，导致畸形果形成。草莓花期适逢冬季和早春时节，气温低、雨水多、光照不足，是草莓畸形果形成的主要气候因素。

花期当大棚内温度过低时，导致花粉不易飞散，花粉发芽率降低，花粉管伸长受阻受精能力下降而形成畸形果。在幼果期温度降至 $-1℃$ 以下时，造成幼果受冻而抑制果实发育造成畸形。当日照少、夜温过高时会使雌蕊退化甚至消失，造成受精不良或者在低温下雌蕊发育时间不够，当先端雌蕊尚未形成时，花朵已开放而形成尖端不受精的"缩头果"。灌水量不足常引起花器发育不良，畸形果显著增加；花期使用农药如敌百虫、代森锰锌、克菌丹等也会造成受精不良，产生畸形果。

②品种特性。花粉粒中的淀粉能够提供花粉管伸长所需要的养分以完成受精。通常把含有淀粉，具有发芽力的花粉称稔性花粉，而不含淀粉，不能发芽的花粉称不稔花粉。花粉的稔性（能发芽的比例）最好能达 50% 以上。品种间花粉的稔性有差异。草莓不同品种间花粉发芽率不一而使畸形果率表现出较大差异。花粉发芽率高的品种如章姬、丰香等畸形果率较低，花序级数过高的品种着

果不一，养分分布不均，畸形果率较高。此外，抗病性能差的品种在花期感染后，亦会加重畸形果发生。

③病虫危害及用药不当。草莓栽培过程中发生的多种病害如白粉病、灰霉病、黄萎病均会导致光合作用及养分代谢受阻，螨害和斜纹夜蛾等虫害则对植株造成机械损伤，导致不同程度的畸形果发生。而不当的用药防治非但达不到有效控制病虫危害的目的，相反会对草莓产生毒副作用，致使花粉发育受损，花粉发芽率降低，从而大大增加畸形果发生，尤以农药浓度过大和花期、小果期用药影响最大。

④栽培管理。种植密度过大、通风透光不良的棚室地块发生严重。有机肥施用量不足，偏施氮肥致枝叶徒长，过度繁茂、畦面过低不平等综合因素形成郁闭高温的小气候，极易加重畸形果发生。

（2）草莓畸形果发生的防控对策。草莓畸形果的防控应立足于以农业控制措施为主，优先实施农业栽培措施，充分利用保护地生态的可控性和蜂媒昆虫的有效性，选用无害化农药控制病虫发生，确保植株生长旺盛和果实健壮发育。

①配置授粉品种。选择两个花粉发芽力高的品种按1∶（1~3）的比例进行混栽，以提高相互授粉的能力，增加坐果率，降低畸形果率。

②蜜蜂辅助授粉。保护地栽培的草莓花期早，前期自然出现的访花昆虫少，因此在保护地内要进行放蜂授粉。对其他访花昆虫，也应加以保护利用。花期要适当通风散湿，创造利于蜜蜂活动的环境，同时在温室内放蜂做好人工授粉。由于温室小，放一大群蜂有些浪费，所以要提前分成小蜂群，另外，由于温室草莓花粉含糖量低，所以要每天及时喂蜂蜜适量的糖或蜜，以保证蜜蜂的授粉活动。

③人工授粉。草莓从开花到落花一般需要四五天。开花期间，可用毛笔进行人工授粉。人工授粉的花朵不但落花快，一天时间即落花，而且快速落花还能减少养分消耗，使养分集中结果，果实发

育快，果子长得大、产量高，达到成熟提早 7～10 天的效果。因费工费时，目前生产上已极少采用。也可以在 11：00～14：00 时用大扇子、电风扇、电动风机等工具给开花的草莓扇风或吹风的办法辅助授粉，每天 2 遍，效果不错。

④合理调控温湿度。花期应严格控制保护地内的温度和湿度。白天温度控制在 20～25℃，夜间保持在 10～12℃，空气相对湿度控制在 80% 以下，要适时通风以降温降湿。棚膜采用无滴膜，防止水滴影响坐果。

⑤加强植株管理。定期摘除老叶、黄叶、病叶，以减少养分消耗，有利于通风透光，减少病害和增加光照，可明显降低畸形果率，且有利于集中养分，保证果实正常发育，提高单果重和果实品质。

⑥注意施肥灌水。水肥供求失调是导致畸形果的又一重要原因。室内土壤过干过湿，缺肥或施肥不当，就会造成水分和养分供求失调，导致果实发育不良而形成畸形果。首先要重施有机肥，其次在结果前 10 天内不要大量施用速效氮肥，同时要注意磷、钾、微量元素肥、有机肥、菌肥的配合使用。墒情不足时，要及时浇小水。如果缺肥时，应结合浇水随滴灌进行追肥。应增施磷、钾肥，以满足草莓正常开花结果的需要，防止畸形果的发生。

⑦疏花疏果。在开花前将高级次的花蕾适当疏去，每花序只留3～4 个果，其余疏除。疏除易出现雌性不育的高级次花，可明显降低草莓畸形果率，有利于集中养分，提高单果重及果实品质。

⑧注意喷施农药。保护地草莓的病虫害防治中应采用以农业防治为主的综合措施，尽量不用或少用农药。尽量减少用药量和次数，病虫害严重时应在花前或花后用药，开花期严禁喷药，在低温阴雨天气，棚内湿度大时，将蜂箱搬出棚外，用烟熏剂熏蒸防治。

### （十）肥水管理

1. 追肥技术

促成栽培的草莓不同于露地，植株不进入休眠，始终保持着旺盛的营养生长与生殖生长，开花结果期达 6 个月以上，植株的负载果也较重。为了防止植株和根系早衰，除了在定植前施足基肥外，在整个植株生长期适时追肥就显得特别重要。考虑到草莓生育期限长，不耐肥，易发生盐害的特点，追肥浓度不宜过高，一般采用少量多次的原则。以液体追肥为主，液体肥料浓度以 0.2% ~ 0.4% 为宜，注意肥料中氮磷钾的合理搭配，混施腐殖酸、黄腐酸、氨基酸类有机肥，追肥时有机无机相结合。追肥的时期分别如下。

第一次追肥是在植株顶花序现蕾时，此时追肥的作用是促进顶花序生长，以高磷型水溶性肥料为主，混施有机肥。

第二次追肥是在植株顶花序果实开始转白膨大时，此次追肥的施肥量可适当加大，施肥种类以高磷高钾型水溶性肥料为主，混施有机肥。

第三次追肥是在顶花序果实采收前期，以高钾型水溶性肥料为主，混施有机肥。

第四次追肥是在顶花序果实采收后期。植株因结果而造成养分大量消耗，及时追肥可弥补养分亏缺，保证随后植株生长和花果发育，以氮磷钾平衡型水溶性肥料为主，混施有机肥。

以后每隔 15 ~ 20 天追肥一次，每 667 平方米每次施氮磷钾水溶性肥料 5 ~ 10 千克，有机肥 5 ~ 10 千克。

在追施大量元素肥料和有机肥的同时，也要注重钙、硼、铁的补充。在花蕾期、果实膨大期和翌年春季各叶面喷施一次 0.1% ~ 0.2% 的氯化钙或硝酸钙溶液。在草莓花期或幼果期叶面喷施 0.1% ~ 0.2% 的硼酸溶液，由于草莓对硼过量比较敏感，所以花期喷施浓度适当降低。当草莓植株表现缺铁症状时，及时向叶面喷施 0.1% 的硫酸亚铁或 0.03% 的螯合铁水溶液，7 ~ 10 天 1 次，连续喷施 2~3 次。选择在晴天上午 10 点前或下午 4 点后喷施，以达到最佳的施用效果。

2. 施二氧化碳气体肥料

二氧化碳是草莓进行光合作用的主要原料。一般情况下，空气中二氧化碳浓度很低，只有 200~300 毫升/立方米。大棚内二氧化碳的浓度在一天内含量也不一样，晚上 18:00 后，棚内二氧化碳浓度逐渐增加，日出前达最高，升至 500 毫升/立方米，日出一个多小时后，随着光合作用的逐渐加强，二氧化碳浓度逐渐下降，上午 9:00 降至 100 毫升/立方米，虽然经通风，棚内二氧化碳浓度有所回升，但仍在 300 毫升/立方米以下，低于棚外二氧化碳的浓度。因此，大棚内二氧化碳浓度低是影响草莓生长发育的限制因素之一。研究表明，当二氧化碳浓度为 360 毫升/立方米时，2 万~3 万勒克斯即达到光饱和点，当二氧化碳浓度升至 800 毫升/立方米时，6 万勒克斯的光强也未达到饱和点。因此，大棚草莓补施二氧化碳气肥，可以使草莓叶片明显增厚，叶色浓绿，果个增大，成熟提前，增产 15%~20%。

施二氧化碳气体肥料，可提高植株营养，增加产量，改善浆果品质。一般每天早晨揭草毡时开始，中午放风前停止，阴雨天不施，具体方法如下。

(1) 钢瓶装液体二氧化碳。将市售的二氧化碳钢瓶放置在温室或大棚的中间，在减压阀上安装直径为 1 厘米的塑料管，在距离棚顶 50 厘米处固定好，在塑料管上每隔 100 厘米左右用细铁丝烙一直径 2 毫米的放气孔，注意孔的方向，使棚内接气均匀，一瓶气在 667 平方米的面积上可用 25 天左右。

(2) 二氧化碳气肥袋。将一大袋二氧化碳发生剂沿虚线处剪开，然后将一小袋促进剂倒入并将二者搅拌均匀，将混合好的二氧化碳气肥大袋放入带气孔的专用吊袋中，不要堵死出气孔。将吊袋挂在温室大棚中的骨架上，距地面 2 米高的作物上方均匀吊挂，以保证每袋二氧化碳气肥可覆盖 33 平方米左右的面积，每亩可均匀吊挂 20 袋。每袋二氧化碳气肥可使用 35 天左右，在此期限内较均匀地释放出二氧化碳。

3. 水分管理

在生产上判断草莓植株是否缺水不仅仅是看土壤是否湿润，更重要的是要看植株叶片边缘是否有吐水现象，如果叶片没有吐水现象，说明需要灌溉，以"湿而不涝，干而不旱"为原则。灌溉时采用膜下滴灌。

## （十一）草莓采收

采收是草莓生产中的最后一个环节，也是影响产品销售及储藏的关键环节。草莓成熟期因不同品种、不同栽培方式、不同栽培季节而各不相同。即使是同一株草莓所结果实，也因为花序不同、果序不同而有先熟后熟之分，因此草莓浆果必须分批分期按其成熟度采收、处理、储运。草莓是质地较软的浆果，应当随熟随收。生产者必须根据浆果的成熟度确定采收时期。

1. 成熟的判断与采收时期

草莓开花到成熟的天数，随着温度的高低而不同。草莓成熟过程中，果面由最初的绿色逐渐变白，最后成为红色至浓红色，并具有光泽，种子也由绿色变为黄色或白色。果实色泽的变化最先是受光面着色，随后背光面才着色。还有的品种果实顶部先着色，随后果梗部着色（如红颜和章姬），有的品种直至完全成熟时，果梗部仍为白色（如丰香）。随着果实成熟，浆果也由硬变软，并散发出诱人的草莓香气，表明果实已完全成熟。

草莓从开花到果实成熟需要一定的天数，露地栽培条件下，果实发育天数一般为 30 天左右，早、中、晚熟品种有差异，最短的 18 天，最长的 41 天。四季草莓在长日照、高温下果实发育天数为 20~25 天，秋冬季 45~60 天。确定草莓适宜采收的成熟度要依品种、用途和距销售市场的远近等条件综合考虑。一般以果实表面着色达到 70% 以上时开始采收，作鲜食的以八成熟采收为宜，但甜查理、哈尼和达赛莱克特等硬肉型品种，以果实接近全红时采收为宜，供加工果酱、饮料的，要求果实糖分和香味可适当晚采。远距离销售时，以七八成熟时采收为宜。就近销售的在全熟时采收，但不宜过熟。

2. 采收方法

由于草莓同一个果穗中各级序果成熟期不同，必须分期采收，刚采收时，每隔 1~2 天采 1 次，采果盛期，每天采收 1 次。具体采收时间最好在早晨露水干后上午 11:00 之前或傍晚天气转凉时进行，因为这段时间气温较低，果实温度也相对较低，有利于存放。中午前后气温较高，果实的硬度较小，果梗变软，不但采摘费工，而且易碰破果皮，果实不易保存，易腐烂变质。

草莓果不耐碰压，故采收用的容器一定要浅，底要平，内壁光滑，内垫海绵或其他软的衬垫物，如塑料盘、搪瓷盘等，如果容器较深，采收时不能装得太满，若容器底不平，可先垫上些旧报纸或旧布。采收时必须轻摘轻放，切勿用手握住果使劲拉，一般采收时用手轻握草莓斜向上扭一下，果实即可轻松摘下，不带果柄。部分地区采收时用大拇指和食指指甲把果柄掐断，将果实按大小分级摆放于容器内，采下的浆果带有部分果柄，不要损伤萼片，以延长浆果存放时间。

3. 分级和包装

一般是混采，采后分级。目前，我国还没有统一的分级标准，河北省满城县草莓生产基地，按每个小包装盒所装果实个数而定：塑料包装盒的规格为 120 毫米 × 75 毫米 × 25 毫米，可装果约 150 克，每盒装 6~8 个的（单果重 18~25 克）为一级；每盒装 10~12 个的（单果重 12~15 克）为二级；每盒装果 13 个以上的为三级。长丰草莓分为三级，用木盘盛放，大果单层摆放，中、小果多层摆放。北京市顺义区的草莓包装较为先进，外包装为纸箱，内装 6 小盒，每小盒装果 15 粒，重约 250 克，小盒质地为聚丙烯，上覆保鲜膜。采用保鲜膜包装与塑料小盒装相比，草莓货架寿命可延长 5～7 天。我国农业部颁布的草莓行业标准（NY/T 444—2001《草莓》），依草莓外观品质、色泽、单果重等进行了分级。作为加工原料的草莓果实，一般用塑料果箱装运，果箱规格为 700 毫米 ×400 毫米 ×100 毫米，每箱装果量不超过 10 千克，一般装果 4～5层，并要求在浆果以上留 3 厘米空间，以免各箱叠起来装运时压伤果实。

4. 运输

我国鲜草莓的运输途径主要有空运、铁路和公路运输。采用空运，一般当天可运到全国各地。铁路运输主要是零担，汽车运输要用冷藏或带篷卡车，途中要防日晒，行驶速度要慢，在沙石路或土路上，应尽量降低速度，减少颠簸。用带篷卡车运输，以清晨或晚间气温较低时运行为宜。

# 二、草莓半促成栽培技术

草莓半促成栽培是指让草莓植株在秋冬自然条件下满足它的低温需求量，基本上通过了自然休眠，但休眠还未完全醒前，人为强制打破休眠之后，再进行保温或加温，促进植株生长和开花结果，使果实在 1—4 月采收上市的栽培方式。半促成栽培有日光温室半促成栽培和塑料大棚半促成栽培两种类型。在我国半促成栽培主要以塑料大棚为主，北方部分地区采用日光温室。

## （一）选择良种壮苗

草莓半促成栽培要求选择低温需求量中等，果大、丰产、耐储运性强的品种，如达赛莱克特、卡麦罗莎、甜查理、全明星、土德拉等品种。为了体现半促成栽培的优势，应采用假植的优质壮苗。定植草莓植株的标准要求具有 5～6 片展开叶，叶色浓绿，新茎粗度 1.2 厘米以上，根系发达，苗重 30 克以上，无明显病虫害。与促成栽培对苗的要求不同，半促成栽培用苗不要求花芽分化早，而要求花芽分化好，分化花序多，每个花序的花数不过多，果形正，畸形果少。

## （二）土壤消毒、整地做垄、定植

见促成栽培技术。

## （三）覆膜保温与地膜覆盖

1. 扣棚时间

半促成栽培的采收期在促成栽培和露地栽培之间，是周年供应、均衡上市不可缺少的栽培方式，由于半促成栽培是在草莓植株的自然休眠通过之前开始保温，所以何时开始保温显得尤为重要。草莓半促成栽培的棚室保温时间要根据品种的休眠特性、当地的气温条件、生产的目的、保温设施等来确定。休眠浅、低温需求量低的品种，解除休眠的时间早，可以早扣棚保温；休眠深的品种，低温需求量高，解除休眠的时期晚，扣棚保温时期可适当晚些。如果保温过早，则植株经历的低温量不足，升温后植株生长势弱、叶片小、叶柄短、花序也短，抽生的花序虽然能够开花结果但所结果实小而硬，种子外凸，既影响产量，又影响品质；若保温过晚，草莓植株经历的低温量过多，植株会出现叶片薄、叶柄长等徒长现象，而且大量发生匍匐茎，消耗大量养分，不利于果实的发育。

以早熟为目的，保温宜早，在夜间气温低于15℃以下时及时覆膜；如以丰产为目的，可稍迟一些，不影响腋花芽的发育即可。

设施不同，其保温性能差别较大，因此用作半促成栽培其保温适期也有所不同。北方地区扣棚最早在11月中旬，一般在12月中旬至1月上旬。在江浙地区利用大棚进行半促成栽培时，当选用低温需求量在100小时以下的浅休眠品种时，扣棚时间在10月底至11月初，一般品种在12月中旬至1月上中旬扣棚保温。

2. 地膜覆盖

扣棚保温后不久即进行地膜覆盖，盖膜后立即破膜提苗，地膜展平后立即进行浇水。

### （四）温度的调控

随着秋季温度的降低，日照的缩短，草莓开始进入休眠期，各品种对低温需求量不同，进入休眠的时期也有早有迟。对于休眠浅的品种要早保温，休眠深的品种保温相对推迟。一旦进入休眠以后，各品种必须满足其低温需求后才会打破休眠恢复生长。如果低温量不足，即使设施保温，植株仍然矮化，产量不高；相反，如果低温量过多，植株生长旺盛，发生徒长，产量也会降低。一般半促成栽培的扣棚保温时期在低温需求量基本满足的觉醒期，即在完全打破休眠之前，保温期一般在 12 月中旬至 1 月上旬。保温后土壤利用地热线，每 100 瓦加温面积为 50 ~ 60 平方米，使土温控制在 12℃以上。

1. 扣棚后到出蕾期

为了促进植株生长，防止矮化苗进入休眠期，也为了使花蕾发育均匀一致，这时需进行高温管理。其适宜温度白天 28 ~ 32℃，夜间 9 ~ 10℃。在不发生烧叶的情况下，大棚与小拱棚都要完全密闭封棚，使其提早打破休眠。发现高温轻微伤叶可喷洒少量水分，如果晴天，短时 35℃对植株影响不大，但在 40℃以上，应放风降温，温度绝对不能超过 48℃。在扣棚的 10 天内，一般只对大棚通风换气调节温度，小拱棚暂时不通风，以保持较高的空气湿度。

2. 现蕾期

即开始出蕾到开花始期，当 2 ~ 3 片新叶展开时，温度要逐渐降低，除大棚外，小拱棚也需通风换气。白天 25 ~ 28℃，夜间 8 ~ 10℃，此时正是花粉母细胞四分期，对温度变化极为敏感，容易发生高温或低温伤害，要防止设施内温度的急剧变化，绝不能有短时间的 35℃以上高温。

3. 开花期

即开花始期至开花盛期。适宜温度白天 23 ~ 25℃，夜间 8 ~

10℃。在30℃以上时，花粉发芽力降低，在0℃以下，雌蕊受冻害，花蕊变黑不再结果，最低温度不能低于5℃，因此应注意夜间保温。

4. 果实膨大期

白天此期宜保持18～20℃，夜间5～8℃。如果夜温在8℃以上，果实着色好，冬季最低温度要保持在2℃以上。此时温度高，成熟上市早，但果个小。如果温度低，采收推迟，但果个大。可根据市场价格来调节温度，以利于提高经济效益。

5. 果实采收期

白天可保持18～20℃，夜间4～5℃，保持夜间最低温度在2℃以上，注意换气、灌水和病虫防治。

### （五）光照控制

半促成栽培与促成栽培除采用电照栽培外，还采用遮光处理，即在扣棚保温前的20～30天用遮光率50%～60%的遮阳网对草莓进行遮光处理，以促进植株生根，防止植株休眠。但遮光处理时间过长，影响植株的光合产物积累，从而影响草莓产量和品质。

### （六）赤霉素（GA₃）处理

在草莓半促成栽培中喷洒赤霉素可以加快打破植株休眠，进而促进开花结果。赤霉素的处理时期是升温后植株开始生长时，浓度为5～10毫克/升，使用量为每株5毫升，使用时把药液喷在苗心，而不要喷在叶片上。

其他如植株管理、花果管理、肥水管理、采收等，见促成栽培技术。

## 三、草莓塑料拱棚早熟栽培技术

草莓塑料拱棚早熟栽培是在露地栽培基础上发展起来的一种栽

培方式，生产技术相对简单，不必过多考虑促成和半促成栽培中的休眠、花芽分化等问题，在植株完全通过自然休眠后外界气温较为适宜时开始保温，促使草莓提早开花结果。利用塑料拱棚进行草莓栽培具有投资少、方法简便、技术容易掌握等特点。由于全国各地气候条件不同，选择的拱棚样式不同，成熟期也各不相同。草莓塑料拱棚早熟栽培的果实成熟期比露地栽培提早 10～30 天，效益较好。

### （一）品种选择

与露地栽培基本一样，塑料拱棚早熟栽培对品种的休眠期和成熟期要求不严。目前北方地区生产上的主栽品种是甜查理、全明星、达赛莱克特等。

### （二）土壤消毒及整地作垄

土壤消毒应提早进行，在 7 月末至 8 月初完成。土壤消毒后平整土地，施入腐熟的优质农家肥 4 000～5 000 千克和氮磷钾复合肥 40～50 千克（如进行太阳能消毒，农家肥应在消毒前加入），然后做成南北走向的大垄。大垄的规格为：垄面上宽 40～50 厘米，下宽 50～70 厘米，高 30～40 厘米，垄沟宽达 30 厘米。

### （三）定植

根据育苗方式确定草莓植株定植时期。对于假植苗，当顶花芽分化的植株完成后开始定植，在我国北方地区一般在 9 月中下旬。对于非假植苗，北方地区要提前定植，一般是在 8 月中下旬，而南方地区一般是在 10 月中旬定植。

定植的深度要求"上不埋心、下不露根"。定植过浅，部分根系外露，吸水困难且易风干；定植过深，生长点埋入土中，影响新叶发生，时间过长引起植株腐烂死亡。定植采取大垄双行的方式，植株距垄沿 10 厘米，株距 15～20 厘米，小行距 20～25 厘米，每

667 平方米用苗量 8 000 ~ 10 000 株。定植后一周内，每天需浇水
1 ~ 2 次，以后依土壤湿度进行灌水，以保证秧苗成活良好。

### （四）扣棚

覆盖棚膜的时间依各地区的气温回升情况来确定，生产上有早
春扣棚和晚秋扣棚两种形式。我国南方地区多在早春草莓新叶萌发
前进行扣棚，如果扣棚过早，虽然植株能够提早生长发育和开花结
果，但早春的低温易造成花器官和幼果受害。秋季扣棚在北方地区
较普遍，当外界最低气温降至 5℃ 左右时，可以进行扣棚，扣棚
后，植株还有一段时间生长，延长了植株花芽分化时间，增加花芽
的数量和促进花芽分化质量，有利于提高产量。扣棚后若棚内温度
超过 24℃，要通风降温，一方面防止温度过高引起植株徒长和伤
害叶片，另一方面保证花芽分化，通风一般从棚两端开放，夜间闭
合拱棚保温。在北方地区，土壤封冻前要浇一次透水，然后在垄上
盖上地膜，地膜上覆盖作物秸秆等防寒物。

### （五）升温后管理

早春随外界气温的逐渐升高，可分批去除防寒物，然后破膜提
苗清除老叶、枯叶。拱棚升温后植株就转入正常的生长发育阶段，
这时要及时浇水、追施一次液体肥，以满足植株萌发的需要。

塑料拱棚内白天温度控制指标是：萌芽期 25 ~ 28℃，花期
22 ~ 25℃，果实成熟期 20 ~ 22℃。

在植株顶花序现蕾和顶花序果实开始膨大时要追肥，追肥与灌
水结合进行。液体肥料浓度以 0.2% ~ 0.4% 为宜，注意肥料中氮、
磷、钾的合理搭配。浇水要采用滴灌，不可以采取大水漫灌，否则
易造成地温上升慢，病害严重等现象，最好采用滴管。除结合施肥
浇水外，还要根据土壤缺水程度和植株蓄水情况适时补充水分，以
满足植株对水分的需求。

　　早春夜间温度低，要将拱棚风口合严，若遇突然降温天气或霜冻可在拱棚附近点若干堆火，利用烟熏以减少不良环境条件对草莓植株造成的伤害。当夜间气温稳定在7℃以上时，小拱棚可以撤掉。

　　其他如植株管理、花果管理、采收等，见促成栽培技术。

# 第七章　草莓立体栽培技术

## 一、立体栽培的原理与特点

　　草莓立体栽培也称垂直栽培，是在尽量不影响地面栽培或无地面栽培的前提下，通过栽培槽、栽培管、栽培柱或其他形式作为草莓生长的载体，充分利用温室空间和太阳能的一种无土栽培方式。可提高土地利用率，提高单位面积产量，草莓立体栽培在日本、美国、西班牙、比利时和荷兰等国家均占有一定比例，是草莓设施栽培的主要方式之一，近年在我国的发展速度很快。

　　草莓植株的生长发育，需要约16种元素，大量元素有碳、氢、氧、氮、磷、钾，中量元素有钙、镁、硫、铁，微量元素如锰、硼、铜、锌、钼、氯等。植株在不同的生长发育时期吸收这些元素都有它的合适浓度和比例。植物的生长发育除靠叶片进行光合作用和呼吸作用外，还需靠根系吸收水分和养分，而根系周围的水、肥、气、热及环境直接影响养分和水分的吸收，为了满足植物根系不同时期对不同元素的充分吸收与平衡，必须为其创造一个最佳的生长环境，如：通气性、保水性、离子浓度与比例、温度等。草莓立体栽培与传统栽培相比具有以下特点。

### 1. 节约土地、水分和肥料，产量高

　　传统模式的草莓栽植密度为12万~15万株/公顷，改用立体栽培后，栽培总量可达40.5万~45.0万株/公顷，相当于传统平地栽培的3倍，节约土地2/3以上，产品产量是原来的3倍。沈阳市于洪区日光温室立体栽培试验结果表明：立体栽培比有土栽培每平方米节省水90千克。日本的试验结果表明，由于立体栽培肥料

利用率高，生产同等产量的草莓，循环式的营养液栽培化肥用量上是土耕栽培化肥用量的 1/3～1/2，即比土耕栽培节省 50%～70% 的肥料，并可防止基质的富营养化。立体栽培还可利用不能耕种的土地、屋顶、阳台等空间种植作物，可节省土地，提高设施和土地的利用率。

2. 改善植株发育

草莓生长对水肥条件要求较高，常发生连作障碍。而采用立体无土栽培，可按要求任意选配基质和营养液，不受土壤条件的限制，同时可根据草莓的生理特点和各阶段生长对水肥的需求，调节营养液浓度，使草莓生长发育始终处于最佳状态。

3. 病虫害少，可减少农药使用量，品质好

由于土壤是很多病虫的传播媒介，土耕栽培时，极易发生病虫危害，为防止病虫必须使用农药，又由于病虫对农药的抗性增加，致使土耕栽培病虫害越来越严重，所以农药使用量也逐渐增加，生产出的产品中农药含量也大量超标，不仅破坏了环境，也影响了人的身体健康。立体栽培由于不使用土壤，并可以人为控制环境条件，这样就减少了作物病虫基数与来源，也减少了农药的使用量，并可达到绿色食品的要求。一般立体栽培可减少 50% 以上的农药。生产的果实外观好，品质佳，经济效益高。

4. 方便操作，适合观光采摘

立体栽培的草莓，便于管理和采摘果实，降低了劳动强度。观赏性较强，已成为设施园艺的一个亮点，观光采摘深受人们的喜爱，也为农户带来了丰厚的收益。

5. 一次性投入较高

一般情况下，立体栽培是在温室、大棚内进行，除此之外，还需要专用的基质、营养液、栽培床（槽）、循环供液设备等，必须有贮液池（罐）、营养液循环的管道、抽水泵、电导仪等。这些设施、设备的购置和安装，都需要一定的资金。所以，进行草莓立体栽培，其一次性投入较高。

6. 技术要求严格

由于立体栽培采用养分缓冲性极低的水或特殊材料作基质，因此根系和与根系部分相关的管理就成了立体栽培成功的关键，如：营养液的配制，供给的量与次数，营养液的温度与空气含量，根系周围盐的浓度、温度、湿度、氧气含量，设施内的湿度、光照、温度、二氧化碳浓度等都需按标准进行严格操作，否则达不到理想的效果。生产上常发现用土耕栽培的技术来进行立体栽培，则植株生长差、产量低、效益也不好。因此，立体栽培必须按技术规范操作，才能获得优质、高产、高效益的目标。

# 二、草莓立体栽培的主要形式

## （一）传统架式栽培

该技术是利用 3～4 层分层式框架，在框架上放置栽培容器，在容器内种植草莓的一种栽培技术。这个分层式框架主要分为 A 字形和阶梯形 2 种。栽培架要按照南北向排放，为保证光照条件和减少遮光，排放时应选取适当的栽培架间距。架式栽培包括基质栽培和水培 2 种形式。以 A 字形栽培架栽培为例。"A"字形栽培架主体框架为钢结构，左右两侧栽培架各安装 3～4 排栽培槽，层间距 40 厘米，距地面 0.45 米，最高处 1.3 米，栽培架宽 1.2 米左右；栽培槽一般用 PVC 材料制作，直径为 20 厘米；立架南北向放置，各排栽培架间距为 70 厘米。该形式操作方便，大大减轻了劳动强度。单位面积栽培架上栽培的草莓数量是平地栽培的 2 倍，产量比原来提高 1.6 倍。

## （二）改良架式栽培

对传统的 A 字形栽培架进行了改进，改良后的栽培架栽培包括以下 3 种形式。

1. 移动式立体栽培草莓技术

移动式立体栽培装置主要包括栽培架、栽培槽、导轨、两端带有滚轮的支撑轴和传动机构。栽培槽固定在栽培架的两边，2根导轨固定在温室地面上，2根支撑轴安装在栽培架下方，滚轮与导轨配合并在导轨上运动，传动机构驱动支撑轴转动。支架采用600毫米×400毫米的方钢焊接而成，为矩形，每个栽培架上安装2～4排栽培槽，槽直径为25厘米。通过滑轮使栽培架进行左右平行移动，空出人行通道。采用该装置不仅可以使草莓植株充分地接受阳光，提高果实品质，还可以使温室空间得以充分利用，大大提高单位面积产量。

2. 开合式立体栽培草莓技术

开合式立体栽培装置，包括支架、栽培架、定植槽转动主轴、减速电机和曲柄连杆机构。支架用于将整个立体栽培装置支撑在地面上，支架的上端通过滑动轴承与栽培架铰接，定植槽安装在栽培架上，转动主轴和减速电机安装到支架上，曲柄连杆机构的一端与转动主轴连接、另一端与栽培架铰接。草莓植株正常生长时，栽培架处于倾斜展开状态，倾斜角度为55°～65°；当进行管理和采摘时，通过调整栽培架角度使其处于垂直收拢的状态。采用该装置不仅可以使草莓植株充分采光，还可以充分利用温室栽培空间，提高单位面积产量，改善经济效益。

3. 管道式栽培技术

管道式栽培就是以PVC管道或打通的竹子为栽培载体，营养液在管道内循环流动的一种栽培模式。通过控制营养液的温度、浓度、酸碱度来进行栽培。管道作为栽培的载体，其栽培模式可以多样化，如"A"字形栽培或简易的高架栽培模式。根据需要构建各种各样的模式，大大提高了其观赏性，且管道消毒杀菌方便，大大提高了草莓的品质和产量。管道材料也可以采用竹子，兼有环保和美观的作用。

### （三）柱状立体栽培

柱状立体式栽培是用立柱来支撑和固定栽培钵以及滴液盒，立柱使栽培钵贯穿于一体。立柱由水泥墩和钢管或钢架组成，水泥墩横截面面积为 15 平方厘米，中间留有直径 30 毫米、深 10 毫米的圆孔用来插钢管；钢管长约 2 米，直径 20 ~ 25 毫米。立柱要南北向成行固定在地面上，立柱间距不少于 0.5 米。行间间距可以为 2.4 米。栽培钵中空、四瓣或六瓣结构，用 PVC 材料制成，各栽培钵间相错叠放在立柱上。由于栽培柱南面能够见到直射光、北面只能见到散射光，光照度差异会导致草莓植株生长不一致，因此，需要隔 3 ~ 4 天转动 1 次栽培柱，以保证植株生长整齐，开花结果一致。柱状立体式栽培土地利用率较传统栽培提高了 1 倍。在栽培柱内，苗根部相对集中，浇水施肥时相当于直接作用于根部，肥料流失少、见效快，提高了肥料利用率。同时各栽培柱间相互独立，还可以减少病虫害的传播。采用柱状栽培法最大的缺点是浇水比较费工费时，春季每 3 ~ 4 天浇 1 次水，夏季炎热时 1 天浇 1 次水。

### （四）高架栽培

草莓高架栽培技术是指通过水培、基质培等方式，在现代设施大棚内将草莓置于高架培床上进行栽培，具有高投入、高产出的特点，且果实品质优、食用安全性好，适合观光农业园应用和规模化生产。近年来，在日本、荷兰、美国等国家得到开发和应用，尤其是在日本发展较迅速。下面介绍几种高架栽培模式。

#### 1. 日本枥木模式

栽培槽宽 30 厘米，内层槽深 15 厘米，外层槽深 25 厘米。内层为无纺布槽，中层为吸水布，外层为防水膜。单条槽种 2 列，株列距 15 ~ 20 厘米 × 20 厘米。果实朝外侧生长。种植方式有单槽成行和双槽并列成行 2 种，为提高单位面积土地利用率，通常采用双槽并列成行种植方式。行间操作通道宽 80 ~ 90 厘米。栽培架一般用镀锌管制作，床面高 80~110 厘米。

2. 日本长崎模式

栽培槽用发泡塑料制成，外宽 50 厘米，内宽 40 厘米，深 12 厘米，长 1 米。栽培槽底部有排水沟。槽内侧先后依次铺设防水黑膜和无纺布 2 层。栽培支架主要用镀锌管制作，床面高度可自由调节，一般为 80 厘米。单条槽种 2 列，株距 19~20 厘米，密度 7 万株/公顷。果实朝外侧生长。草莓高架栽培是一种省力栽培模式。在该栽培模式下，草莓植株距离地表约 1 米左右，使得生产管理者能够直立身体进行作业，大幅度降低了生产者的劳动强度。草莓果实悬在半空中，减少了与灌溉水的接触，很大程度上也减少了因湿度过大而造成的病害。采用高架栽培草莓，花序授粉充分，果实发育正常，果型端正、颜色鲜艳，提高了优质果的比例。

3. "品"字形栽培架

"品"字形栽培架的栽培床有左右对称的 2 条和中间 1 条共 3 条栽培槽，栽培床南北走向。左右对称的栽培槽槽面高 90 厘米、宽 25 厘米，中间槽高度为 130 厘米，呈高低两级状。基质容器采用无纺布加 1 层导水膜构制，栽培床距 60~70 厘米，这样的设计使得每座"品"字形栽培架可种植 6 条，以 8 米单栋大棚计，每个大棚可放置 4 座品字形栽培架，种植条数可达 24 条，较传统种植方式的 16 条增加了 8 条，种植密度提高 50%，充分利用了设施空间。

4. 双层高架栽培

在高架栽培的基础上进行的改良架式。

（五）悬吊式栽培

栽培槽可选用 PVC 管材，也可选用质地硬而轻的金属材料。若选用 PVC 管材，直径 40 厘米，纵向切割，即可得到 2 个栽培槽。若选用金属材料，则须要制作成宽 40 厘米、深 20 厘米的槽子，用钢丝绳将槽子吊起，间距 50 厘米。如果在日光温室中，应采用东西延长、南北阶梯式；如果在连栋温室中，则应采用南北延长、东西平行式；若预算充足，可添加高度调节设备。将栽培袋或基质放入槽中，用于定植草莓苗。营养液循环灌溉系统由蓄水池、潜水泵、主管、支管、滴箭、回水管及定时器组成。营养液在蓄水池中配好，通过滴箭供给到每株草莓，可循环利用，达到节水、节肥的作用。

### （六）叠盒式栽培

这种形式又有方形和圆形 2 种。方形塔可用木板或薄铁皮制成，圆形塔以薄铁皮为佳。塔的大小根据占地面积、材料及秧苗数决定。若要栽 1 平方米的方形塔，可栽 3 层草莓苗，以木板为材料，15 ~ 20 厘米宽的木板，钉成 3 个大小不同的方框，最下的第 1 个大方框用每边 100 厘米长的木板钉成，第 2 个用每边 60 ~ 70 厘米长的木板钉成，第 3 个用每边 30 ~ 40 厘米长的木板制成。将第 1 个大方框放在地面，框内垫 1 层薄膜，框底不用垫，框内填满栽培基质后压实，然后在其上正中放上第 2 个框，同样填满基质后压实，以后依次放上方框填基质，形成塔形。草莓在各层面上按 15 ~ 20 厘米的株距打孔栽植。

### （七）温室后墙栽培

在日光温室的后墙上，采用栽培槽或管道进行草莓立体无土栽培，可以提高温室空间利用率和作物种植量，并且提高了冬季温室内的温度，是一种可行、值得推广应用的温室高效栽培技术。

# 三、草莓立体栽培基质

立体栽培虽然不使用土壤，但需要基质。对基质总的要求是容重轻，孔隙度较大，以便增加水分和空气含量。基质的相对密度一般在 0.3 ~ 0.7 克/立方厘米，总孔隙度在 60% 左右，化学稳定性好，酸碱度接近中性，不含有毒物质。有些基质可单独使用，但一般以 2~3 种混合为宜。

## （一）基质种类

目前，我国立体栽培生产上应用效果好的基质及不同基质的特点如下。

（1）草炭。草炭来自泥炭藓、灰藓、苔草和其他水生植物的分解残留体。到目前为止，西欧许多国家仍然认为草炭是园艺作物最好的基质。尤其是现代大规模机械化育苗，大多数都是以草炭为主，并配合蛭石、珍珠岩等基质。

草炭具有很高的持水量和阳离子交换量，具有良好的通气性，能抗快速分解，呈酸性。草炭可以单独用作无土基质，每立方米加入 4~7 千克白云石粉，也可与其他呈碱性的基质如炉灰渣混合使用，能使 pH 值升到满意的种植范围，其用量为 25%~75%（体积）。草炭唯一的缺点是成本高。

（2）蛭石。蛭石是由云母类矿物加热至 800~1 000℃ 时形成的。园艺上用它作育苗和栽培基质，效果都很好。蛭石很轻，每立方米约为 80 千克，呈中性或碱性反应，具有较高的阳离子交换量，保水保肥力较强。使用新的蛭石时，不必消毒。蛭石的缺点是当长期使用时，结构会破碎，孔隙变小，影响通气和排水。

（3）珍珠岩。珍珠岩由硅质火山岩在 1 200℃ 下燃烧膨胀而成，色白，质轻。呈颗粒状，直径为 1 毫米左右，其容重为 80~180 千克/立方米。珍珠岩易于排水和通气，在物理和化学上比较稳定。珍珠岩可以单独用作基质，也可和草炭、蛭石等混合使用。

（4）岩棉。岩棉的制造原料为辉绿岩、石灰岩和焦炭，三者的用量比例相应为 3：1：1 或 4：1：1，在 1 600℃ 的高温炉里熔化，然后喷成直径 0.005 毫米的纤维，冷却后，加上黏合剂压成板块，即可切割成各种所需形状的板块。岩棉容重为 70~100 千克/立方米，用它来作园艺基质是完全消毒过的，不含有机物，岩棉压制成形后整个栽培季节里保持不变形。岩棉在栽培的初期呈微碱性反应，所以进入岩棉的营养液 pH 值最初会升高，经过一段时间，反应呈中性，在酸碱度上，岩棉可以认为是惰性的。

（5）锯末。锯末来源于木材加工，是一种便宜的无土栽培基质。使用时应注意树种。红木锯末应不超过 30%，松树锯末应经过水洗或经发酵 3 个月，以减少松节油的含量。其他树种一般都可用。加拿大的无土栽培广泛应用锯末，效果良好。锯末可连续使用 2~6 茬，但每茬使用后应加以消毒。

（6）树皮。随着木材工业的发展，世界各国都注意树皮的利用。它是一种很好的园艺基质，价格低廉，易于运输。树皮有很多种，大小颗粒均可供利用，从磨细的草炭状物质到直径 1 厘米颗粒均可。在盆栽中最常用的是直径为 1.5~6 毫米的颗粒。一般树皮的容重接近于草炭，与草炭相比，它的阳离子交换量和持水量比较低，碳氮比则较高。在树皮上，阔叶树皮较针叶树皮具有较小的碳氮比。新鲜树皮的主要缺点是具有较高的碳氮比和开始分解时速度快，但腐熟的树皮不存在这个问题。

### （二）基质的配比

目前，我国立体无土栽培生产上应用效果较好的基质配比有 3:1 的草炭、珍珠岩；1:1:1 的草炭、蛭石、珍珠岩；1:1 的草炭、蛭石等。草炭仍然是目前最好的基质，在混合基质中一般占 35%~50%。基质混合时，如果用量小，可在水泥地面上用铁铲搅拌均匀，量大时用混凝土搅拌器混合。

## 四、草莓立体栽培的营养液

立体栽培所必需的营养元素，都是把相关的肥料溶解在水中制成营养液供给作物的。营养液对某种作物某一段生育的影响，主要取决于营养液的 pH 值、离子的浓度、离子的相互平衡及氧化还原电位等。不同的肥料对作物的作用效果不一样。例如施钙肥，硫酸钙比硝酸钙便宜，但硫酸钙溶解度小，即溶液中保存的钙离子少。硝酸钙虽然贵，但易于溶解，所以配营养液时还是使用硝酸钙。对于一些干的基质（如草炭、锯末、蛭石）宜用一些溶解性较差的肥料。立体栽培常用的速效肥料有：硝酸钙、硝酸镁（泻盐）、硫酸钙（石膏）、硫酸亚铁（绿矾）、硼砂、硫酸铜（蓝矾）、硫酸锰、硫酸锌（皓矾）、钼酸铵、乙二铵四乙酸钠锰、乙二铵四乙酸钠。长效肥料有：离子交换树脂、沸石（铝硅酸盐）、硅藻土、硅土（使用量0.5千克/平方米）、包衣缓放肥料。大多数植物所需要的养分浓度为0.2%左右，一般来说，营养液的总浓度不能超过0.4%。粗略估计营养液组成的效力，最简单的试验方法就是测定营养液的酸碱度，当植物吸收的阴离子多于阳离子时溶液就要变碱，反之溶液就趋向酸性。通常营养液的pH值为6.0左右，即微酸性，植物吸收某些离子比另一些离子会多一些，虽然不同植物在不同生长阶段对养分的要求不同，但植物对营养元素的需要有一个平均浓度。作物在生长过程中对养分的吸收是有变化的，因此需要经常调整养分配方，优良配方主要考虑如下因素：①作物的品种；②生育阶段；③收获的作物器官（根、茎、叶、果）；④一年的季节（日照长短）；⑤气候（温度、湿度、光照、日照时数等）。对于生产果实的作物来说，应该供应浓度较低的氮和较高的磷、钾、钙，在光照时间长、光照强时，作物需要的氮较光照时间短、光照弱时多。秋季高浓度的钾，可提高果实品质。所以秋季应使钾氮比率加倍，以利作物生长健壮。国内适宜草莓的营养液配方见表7-1。

表7-1 适合草莓立体栽培的营养液配方

| 化合物 | | 1 000 升营养液中的用量（克） |
| --- | --- | --- |
| KNO$_3$ | 硝酸钾 | 1 200 |
| FeEDTA（13%～14%） | 螯合铁 | 30 |
| MgSO$_4$·7H$_2$O | 硫酸镁 | 48 |

（续表）

| 化合物 | | 1 000 升营养液中的用量（克） |
|---|---|---|
| $MnSO_4 \cdot 4H_2O$ | 硫酸锰 | 8 |
| $H_3BO_3$ | 硼酸 | 4 |
| $CuSO_4 \cdot 5H_2O$ | 硫酸铜 | 0.12 |
| $ZnSO_4 \cdot 7H_2O$ | 硫酸锌 | 0.8 |
| $(NH_4)_6MO_7O_{24} \cdot 4H_2O$ | 钼酸铵 | 0.08 |
| $H_3PO_4$（85%） | 磷酸 | 32 |
| $HNO_3$（70%） | 硝酸 | 68 |
| $Ca(NO_3)_2$ | 硝酸钙 | 900 |

在配制营养液时，溶液的盐类用温水溶解，对水质要测定一下钙、锰、铁、碳酸根、硫酸根、氯离子的含量。配制时易产生沉淀的钙盐和铁盐，在浓溶液时不能与其他盐混合在一起，经过稀释的溶液混在一起不会发生沉淀。一般先配制母液，然后再进行稀释，母液浓度通常为营养液浓度的 10～20 倍。一般母液用三个溶液罐分别装硝酸钙、硫酸亚铁、其他盐溶液。10% 的酸液（硝酸或盐酸）和氢氧化钠液用来调 pH 值。通常营养液 pH 值在 5.5～6.0 范围内，营养液电导率在 200～400 毫姆欧/厘米适合作物生长，超过 400 毫姆欧/厘米植物生长受到抑制。营养液的使用期一般为 15～20 天。

# 五、草莓立体栽培的方法与技术

## （一）品种的选择

首先是休眠浅，单果大、单株结果能力强、果实品质好，适宜观光采摘，其次春季抗霜冻、抗病性强。目前在草莓立体栽培中推广的优良品种主要有红颜、章姬、宁玉、卡姆罗莎等。

### (二) 配制栽培基质

对栽培基质总的要求是：核重轻、孔隙度大。目前生产中应用效果好的基质包括草炭、蛭石、珍珠岩、锯末、菇渣、秸秆、椰糠等。草莓立体栽培的基质一般是几种基质按一定比例混合而成的。基质混合均匀后，就可以装入栽培槽了。

### (三) 植株定植

选择健壮种苗种植，选苗的标准是：根系发达、叶柄粗短，长15厘米左右、茎粗0.8厘米左右，成龄叶片4片以上，苗重20克以上。栽培的时间：8月下旬至9月初，晴天的早晨和傍晚，按株距15~20厘米进行栽植。栽植草莓幼苗时，先按株距定好位置，然后用铲刀在栽苗处插入土内开穴，穴的深度在6~7厘米，把草莓幼苗放入穴内再填土压实。

### (四) 地膜覆盖

地膜覆盖是草莓立体栽培中一个必需的环节，它既能够提高地温、促进肥料的分解，减少土壤水分的蒸发量，降低室内温度，同时还能够防止杂草，保持果面清洁，提高草莓的品质。覆膜时两人操作，先将黑色地膜平铺于栽培架上，然后每隔15厘米用一个夹子将膜固定在架子上，待黑膜完全固定以后，用手在草莓植株上方掏一小洞，小心地将草莓小苗从洞中掏出来。注意不要将苗连根拔起。对于柱状立体栽培形式，首先根据塑料钵的尺寸，裁出一块相应大小的地膜，再将地膜的一边剪开，这样用剪开的一边绕过塑料柱，用夹子固定在塑料钵上，注意夹的时候地膜要铺开。夹好后，在地膜上掏一个洞，将草莓小苗从洞中掏出来。

（五）温湿度管理

栽培槽内的基质体积相对较小，缓冲空间有限，保温能力稍差，植株根部温度受外界气温，特别是低温影响大。应该注意温度的突然变化，并注意保温。北方地区 10 月中下旬进行扣棚保温。扣棚白天温度控制在 28～30℃，超过 30℃时，应及时放风，夜间温度控制在 12～15℃。湿度一般情况下保持在 40%～50%，不能超过 80%，除了通过滴灌来降低温室内湿度外，还要特别注意勤通风换气。

（六）水肥管理

立体栽培在果实膨大、生长和成熟期都需要充足的水分和养分。在生长季追肥、浇水要遵循少量多次的原则，为了控制湿度减少病害，应该采用滴灌的方式浇水，每隔 5～7 天浇灌一次。立体栽培中植株根系的活动区域减少，应适当增加追肥次数，以水溶性肥为主，加适量黄腐酸、氨基酸、腐殖酸等有机肥，有机肥和无机肥相结合，结合滴灌浇水进行施肥。浓度控制在 0.02% 左右，开花结果前，N、P、K 比例为 1：1：1 的肥料每周 2 次，每次亩用量 1 千克左右，开花结实后，N、P、K 比例 1：1：2 的肥料每周 1 次，每次亩用量 1.5 千克左右。

（七）花期管理

需要在温室放养蜜蜂来提高坐果率，减少畸形果的发生。大棚内蜜蜂的密度一般以一只蜜蜂一株草莓的比例放养。蜂箱应当在花前 3～5 天放入温室内。

（八）植株管理

为减少植株养分消耗，出生的匍匐茎、萌发的过多腋芽要及时去除，每株留一个健壮腋芽，若花序数过多，应去除弱花、晚开花和畸形花。坐果后，疏除受精不良的畸形果、裂果、过早变白的小果。一般每个花序留 4~6 个果比较合适。

## （九）采收

草莓以鲜食为主，最好在 70% 以上的果面呈红色时才采收。采摘时间应在 8：00~10：00，或 16：00~18：00 进行。冬春温度低时，要在八九成熟时采收。采摘时要轻拿、轻摘、轻放，不要损伤花萼，同时要分级盛放并包装。

# 第八章 草莓水肥一体化技术

## 一、水肥一体化技术的概念

水肥一体化技术又称灌溉施肥技术，是将灌溉与施肥融为一体的农业新技术。所谓水肥一体化，就是指借助压力灌溉系统，将可溶性固体肥料或液体肥料，按土壤养分含量和作物种类的需肥规律和特点，配对成肥液与灌溉水一起，通过可控管道系统供水、供肥，使水肥相融后，通过管道和滴头形成滴灌，均匀、定时、定量，浸润作物根系发育生长区域，使主要根系土壤始终保持疏松和适宜的含水量。采用水肥一体化技术，可根据作物不同生育期的需水需肥规律，结合土壤养分状况，进行全生育期的需求设计，把作物所需要的水分和养分适时按比例直接提供给作物。

草莓根系较浅、肥水需求量大，在生产过程中，如何在给草莓植株提供水分的过程中最大限度地发挥肥料的作用，实现水肥的同步供应，即草莓水肥一体化技术。应用水肥一体化技术是实现草莓生产高产优质的重要技术措施。研究表明，水肥一体化技术可以节省施肥劳力，提高肥料的利用率，相对常规灌溉施肥可节水40%，节肥20%左右，省工，提高果实品质。并且可以根据草莓养分需求规律有针对性施肥，缺什么补什么，也有利于应用微量元素，做到灵活、方便、准确地控制施肥数量和时间，实现精准施肥，充分发挥水肥的相互作用，实现水肥效益的最大化，达到节水、节肥、省工、增产等目的。通过水肥一体化技术可以有效地调控土壤根系水渍化、盐渍化、酸碱度、根区土壤透气性、土传病害等，改善土壤状况，同时还可以防止化肥、农药的深层渗漏，从而减少化肥农药对地下水和土壤的污染，另外，通过减少灌水，降低草莓设施栽培时棚内的空气湿度、增加地温，减少病虫害的发生。目前水肥一体化技术在设施草莓生产中得到了大面积的推广应用。

## 二、草莓对水分的需求规律

草莓根系生长要求土壤有充足的水分和良好的通气条件。草莓根系分布浅，叶面蒸腾和花果发育需消耗大量水分，对水分的要求高。在草莓的整个生长期，土壤需要一直保持湿润状态。草莓不同生长期对水分的需要不同，秋季定植后，由于温度较高，蒸发量大，需要及时供应充足的水分以保证成活。花芽分化期适当减少水分，以保持土壤含水量 60% ~ 65% 为宜，以促进花芽的形成。开花期土壤含水量应不低于 70%，水量不足容易造成花瓣不能完全展开，造成畸形果并容易诱发灰霉病。果实膨大期需水量较大，土壤含水量不应低于 80%，土壤水分充足时，果实膨大快、有光泽、果汁多，否则会造成坐果率低、果个小、品质差。果实成熟期应适当控水，以提高糖度、硬度、着色、香味，利于果实成熟和采收，防止果实腐烂。

## 三、草莓对养分的需求规律

营养和施肥对草莓的生长至关重要，在应用水肥一体化技术时，基肥占的比例在 20%，其他作追肥用。草莓对氮、磷、钾、钙、镁等大中量元素的需求量较多，而对铁、锌、锰、铜、硼和钼等微量元素的需求量较少。草莓生产过程中养分的吸收和利用受 pH 值、湿度、有机质含量、灌溉及天气状况的影响，其营养成分的变化很难掌控。研究表明，每吨草莓养分移除量中氮含量为 6 ~ 10 千克，磷含量为 2.5 ~ 4 千克，钾含量大于 10 千克，可见草莓生长发育中对钾、氮的需求量远大于对磷的需求，氮、磷、钾的需求比例是 1.0∶0.4∶1.4。钾肥施用量的多少对草莓果实大小、色泽、香味、糖分积累等品质因素影响很大。但是，草莓的不同生长发育期对肥料的需求量和种类也不一样，肥料的分配要根据草莓不同的生育时期养分特点确定，总体的规律是养分的吸收量与植株生长量基本同步，在旺盛生长期和结果旺盛期补充营养则是草莓获得高产优质的关键措施。在盛花期、坐果期草莓对氮、磷、钾的需求量占吸收总量的 47%、36%、32%。草莓在花芽分化开始后，需要维持较高的氮水平，在开花和幼果生长期要求较低的氮和较高的磷、钾，果实膨大期需要较高的钾。

# 四、草莓水肥一体化关键技术

## （一）施肥系统的选择

草莓水肥一体化技术，可以在灌溉的同时，将草莓不同生育期需要的养分同时输送到草莓根部，实现水肥一体，满足草莓对水分和养分的需求。设施草莓种植一般选择滴灌施肥系统，目前常用形式是膜下滴灌与施肥的结合。施肥装置一般选择文丘里施肥器、压差式施肥罐或注肥泵，有条件的地方可以选择自动灌溉施肥系统。滴灌施肥系统由水源、首部枢纽、输配水管道、灌水器 4 部分组成。其中水源有机井、水管等，首部枢纽包括电机、水泵、过滤器、施肥器、控制和量测设备、保护装置，输配水管道包括主、干、支、毛管道及管道控制阀门，灌水器包括滴头、滴灌带等。草莓定植前需整地、施基肥、做垄、铺设滴灌。河南地区设施草莓一般做高垄（具体要求参考草莓定植部分内容），每垄栽两行，在垄中间位置铺设一条滴灌毛管，滴头间距一般选用 20 厘米间距，流量 1.05～1.7升/小时的滴灌管，这样能够充分满足草莓对水分和养分的需求，安装使用参照有关规范。滴灌支管长度一般不超过 30 米，距离过长，前端压力小，灌溉不均匀，影响草莓的正常生长与管理。

## （二）肥料的选择

### 1. 主要矿质元素的生理作用

氮（N）：草莓植株需要大量的氮。当氮含量过低时，植株生长和果实大小都会减少，而且仅产生很少的匍匐茎。尤其当严重不足时，老叶会变为橙色或者红色，新叶呈淡绿色且有较短的叶柄。氮过量对草莓植株也是有害的。灰霉病和螨类的增加以及草莓质量的降低都与高水平的氮肥量有关。硝化细菌将铵态氮转化为硝态氮，从而促进植物吸收，土壤熏蒸会杀死硝化细菌，这些情况下可能会发生氨中毒。

磷（P）：同其他作物相比，草莓对磷的需求量较低。实地调查表明，很少有缺乏磷的问题，这类物质的缺乏会减少细胞分裂生长、减少匍匐茎、根系较小以及因花青素引起的老叶变紫，幼叶会变成深绿色。土壤中磷的过量比缺乏所造成的问题更常见，特别是一些含磷复合肥的大量使用会导致磷的逐渐积累。磷会和土壤中的铁、铝、钙、铜、锌离子形成不溶性沉淀，所以过量的磷会导致微量元素营养不良。

钾（K）：草莓对钾的需求量很高，因为它是果实的主要成分。种植前施入钾肥是提供钾的最有效方式，虽然可以通过追肥、叶面吸收也是可行的方式，但是这种方式单独一次应用所提供的量很少。钾缺乏时首先会在老叶发生，表现为边缘坏死。小叶叶柄可能会坏死，且小叶变黑。

硫（S）：硫是某些氨基酸的必要成分，因此缺乏硫的植株会出现类似氮含量低所引起的症状：淡黄或淡红色的老叶，一级植株生长不良。缺乏硫的叶片经常会出现红色斑点。硫的叶面喷洒可以用于控制白粉病，必要时也可以用来降低土壤 pH 值，这样可以间接地影响植株病害以及对其他营养物质的吸收。

钙（Ca）：缺乏钙时，果实会偏软，新叶尖变为棕色杯状，无法完全扩展。症状常首先出现在匍匐茎尖，严重的情况下，叶片脉间会渐渐枯死。植株缺钙通常情况下并非土壤中钙含量不足，而是由于钙离子流动性受限制导致。例如土壤湿度低、阴冷潮湿等因素。所以大部分情况下，保持较好的土壤水分是防治钙缺乏的有效手段。

镁（Mg）：不同土壤中镁含量变化很大，而且镁缺乏的现象很普遍，尤其是沙性和酸性土壤。缺镁时，叶片呈黄色或红色，并且可能坏死，症状会在老叶脉区域首先出现。镁的利用率完全依赖土壤 pH 值，钾肥过量时也会导致镁缺乏。由于镁盐的可溶性较好，缺镁可以通过叶片和土壤表面以及种植前使用镁肥来补充。

铁（Fe）：铁主要参与水溶性叶绿素的合成，因此缺铁时会导致叶片发黄，铁的利用率会随着 pH 值的降低而升高，过量施用石灰、土壤和灌溉用水 pH 值过高都会导致缺铁。施用铵态氮会降低根际土壤 pH 值，从而提高铁的吸收率。很少为了缓解铁缺乏而在土壤中施用含铁的肥料，酸化土壤是最经济有效的。

2. 基本要求

滴灌施肥系统施用底肥与传统施肥相同，可包括多种有机肥和化肥。但滴灌追肥的肥料品种必须是可溶性肥料，常温下需要具有以下特点：全水溶性、全营养性、各元素之间不会发生拮抗反应、与其他肥料混合不产生沉淀；溶解快速，流动性好，施用方便；溶液的酸碱度为中性至微酸性，不会引起灌溉水 pH 值的剧烈变化；对灌溉系统的腐蚀性较小。符合国家标准或行业标准的尿素、碳酸氢铵、氯化铵、硫酸铵、氯化钾等肥料，纯度较高，杂质较少，溶于水后不会产生沉淀，均可用作追肥。补充磷素一般采用磷酸类可溶性肥料作追肥，补充微量元素肥料，一般不能与磷素追肥同时使用，以免形成不溶性磷酸盐沉淀，堵塞滴头。同时，需要对灌溉水的化学成分和 pH 值有所了解，注意某些化肥可改变水的 pH 值，如硝酸铵、硫酸铵、磷酸一铵、磷酸二氢钾等将降低水的 pH 值，而磷酸氢二钾、磷酸二铵等则会使水的 pH 值增加。当水源中含有碳酸根、钙镁离子时，灌溉水的 pH 值增加可能引起碳酸钙、碳酸镁的沉淀，从而使滴头堵塞。

3. 肥料种类

水肥一体化常用的肥料在形态上分固体肥和液体肥。其中氮肥可选择尿素、尿素硝胺溶液、硝酸钾、硫酸铵、硝铵磷；磷肥可选择磷酸二胺和磷酸一胺（工业级）、聚磷酸铵（液体）；钾肥可选择氯化钾（白色）、水溶性硫酸钾、硝酸钾；复混肥可选择水溶性复混肥（粉剂或液体）；镁肥可选择硫酸镁；钙肥可选择硝酸铵钙、硝酸钙；微量元素肥可选择硫酸锌、硼砂、硫酸锰和螯合态微量元素。

水溶性肥料是近几年兴起的一种新型肥料，在设施草莓生产中得到了广泛使用。我国水溶性肥料农业标准中把它定义为：经水溶解或稀释，用于灌溉施肥、叶面施肥、无土栽培、浸种蘸根等用途的液体或固体肥料。在实际生产中，水溶性肥料主要是指水溶性复混肥，不包括尿素、氯化钾等单质肥料。目前在我国生产的水溶性复混肥必须经"国家化肥质量监督检验中心"进行登记。根据其组分不同，可以分为水溶性氮磷钾肥料、水溶性微量元素肥料、含氨基酸类水溶性肥料、含腐殖酸类水溶性肥料。其中水溶性氮磷钾肥料，是未来发展的主要类型，既能满足作物多营养生长的需要，又适合于灌溉系统。目前市场上供应较多的为含氮磷钾养分大于50%及微量元素大于0.2%的固体水溶复混肥。有各种配方和品牌。常见的配方有：平衡型（20-20-20+TE，19-19-19+TE，18-18-18+TE，），高氮型（30-10-10+TE，高氮型配方易吸潮结块，物理性质不稳定，配方较少），高磷型（9-45-15+TE，20-30-20+TE，10-30-20+TE），高钾型（15-10-30+TE，8-16-40+TE），TE表示加入了微量元素。大部分水溶肥呈粉末状，也有部分为液肥，液体肥料是含有一种或一种以上营养元素的液体产品，在灌溉系统中使用非常方便。液体复混肥含有植物生长所需的全部营养元素，包括氮磷钾钙镁硫和微量元素，也是以后的发展趋势。

### （三）草莓施肥方案的制订

草莓水肥一体化施肥方案的制订，应首先根据草莓的需肥规律、地块的肥力水平及目标产量确定总施肥量、氮磷钾比例及底肥、追肥的比例。底肥在整地前施入，追肥则按照草莓生长期的需肥特性，确定其次数和数量。在生产实践中，施肥总量的制订，一般多采用目标产量法和经验法。草莓在一定目标产量下吸收的养分量是比较清楚的，根据每吨草莓养分移除量中氮磷钾的含量（氮含量为 6~10 千克，磷含量为 2.5~4 千克，钾含量大于 10 千克，需求比例是 1.0：0.4：1.4。），以及滴灌时养分的利用率（氮 80%~90%，磷 25%~40%，钾 80%~90%），可计算出整个生育期的总施肥量。以草莓目标产量为 2 000 千克/亩为例，每亩的养分总需求量为：N 18.3 千克、$P_2O_5$ 21.9 千克、$K_2O$ 24 千克。通过施基肥和滴灌追肥的方式提供。

氮源选择上应该以硝态氮为主，高温时铵态氮容易对根系造成毒害，影响草莓的生长，铵态氮与硝态氮的比例 1：4 较好。底肥将全生育期施肥总量 20%~30% 的氮肥、80% 以上的磷肥、30%~40% 的钾肥，以及其他各种难溶性肥料和有机肥料等作基肥。追肥宜少量多次，水、肥、热（温度）同步。常用作追肥的化学肥料有硝酸铵、尿素、磷酸铵、硝酸钾、硝酸钙、磷酸钾等。为满足开花结果期对各种营养的需求，一般在草莓开始生长之后至开花期前，每亩施尿素 9~10 千克、硫酸钾 4~6 千克，基肥用量充足的前期可以不施；浆果膨大期追肥：一般每亩施尿素 10~15 千克、硫酸钾 5~8 千克。草莓大量结果后，植株体内养分缺乏，为尽快恢复植株生长，多形成新叶新根，可根据需要进行追肥。一般于采果后用高浓度复合肥及尿素 10 千克/亩左右分别交替施用，间隔时间一般 10~15 天。施肥量也可根据采果量的多少确定，多采果多施肥，少采果少施肥。

施用水溶性复混肥，可在定植至开花期，施高磷配方，每亩

2.5 千克，施用 4 次，每隔 7 天施 1 次，开花至坐果期施用氮磷钾平衡肥，每亩 3.5 千克，施用 2 次，果实膨大期施用高钾型复混肥，每亩 10 千克，施用 3 次，在采收期，氮磷钾平衡肥和高钾肥交替使用，每亩 10 千克，施用 4~5 次，整个生长期注意钙镁及微量元素的补充。

**（四）施肥方法**

水肥一体化技术的核心原则是少量多次。少量多次原则主要根据草莓不同时期的养分吸收规律来分配，吸收多时多分配，否则发挥不了节肥增产的效果。同时也使得施肥变得更加灵活，可以根据草莓的长势进行调整。在草莓的实践中，常用的做法是施入有机肥、磷肥和常规复合肥作基肥，喷施叶面肥补充微量元素，随水追施水溶性复合肥料作为追肥。整个生育期每 7~9 天追肥 1 次，共需追肥 20~25 次。具体方法是先将肥料溶解于水，将肥液倒入压差式施肥罐，或倒入敞开的容器中用文丘里施肥器吸入。每次加肥时须控制好肥液浓度，一般在 1 立方米水中加入 0.75~1 千克肥料，肥料用量不宜过大，防止浪费肥料和系统堵塞，每次施肥结束后再灌溉 20~30 分钟，以冲洗管道。施肥罐底部的残渣要经常清理。

压差式施肥法：施肥罐与主管上的调压阀并联，施肥罐的进水管要达罐底。施肥前先灌水 20~30 分钟，施肥时，拧紧罐盖，打开罐的进水阀，罐注满水后再打开罐的出水阀，调节压差以保持施肥速度正常。加肥时间一般控制在 40~60 分钟，防止施肥不均或不足。

文丘里施肥法：文丘里施肥器与主管上的阀门并联，将事先溶解好的肥液倒入一敞开的容器中，将文丘里施肥器的吸头放入肥液中，吸头应有过滤网，吸头不要放在容器的底部。打开吸管上阀门并调节主管上的阀门，使吸管能够均匀稳定地吸取肥液。

# 五、水肥一体化技术下草莓施肥应注意的问题

## （一）管道堵塞问题

如果水源含有泥沙或有机质含量较多则容易造成滴管口堵塞，所以需要加装过滤器，常见过滤器有沙石分离器、介质过滤器，滴灌带尾端应该定期打开冲洗，防止杂质在滴灌带内堵塞。滴肥结束后应该用清水继续冲洗 30 分钟以上，将管道内肥料冲洗干净。主管道尽量使用黑色不透光材料，防止管道内藻类生长堵塞滴灌带。

## （二）过量灌溉问题

草莓根系生长浅，需要注意过量灌溉问题，有的种植户，总担心水量不够，人为延长灌溉时间，不单单是浪费水，溶解于灌溉水的养分还会随水淋洗到根层以下，肥料不起作用，对壤土和黏土而言，流失的主要是尿素、硝态氮，首先表现为缺氮。对沙土而言，过量灌溉后，各种养分都会被淋洗掉，从而导致草莓表现缺肥症状。避免过量灌溉可通过了解根层分布深度和查看土壤湿润深度来解决，根系层湿润了，即可停止灌溉。

## （三）盐害问题

草莓喜中性或微酸性土壤，属盐碱敏感植物。由于滴灌出水量小，水分渗漏快，部分矿物养分无法随水分下渗到根区，而在地表造成盐分积累，随着滴灌次数的增加，地表盐分浓度增加，对草莓造成损害，同时也会改变土壤理化性质，表现为烧根和叶片枯萎。

## （四）养分平衡问题

滴灌是局部供水肥，根系主要在滴头下湿润范围内密集生长，

这时根系对土壤的养分供应依赖性减小，更多依赖于通过滴灌提供的养分。这就要求滴灌的肥料配比更加多元，更加速效。对养分的合理比例和浓度以及施用时间都有更高的要求。通常种植户多重视氮磷钾肥的施用，而忽略了钙镁及微量元素的补充，这样也会造成草莓生长不良，达不到高产优质的效果。目前水溶性复合肥料有多种配方，很多配方除氮磷钾外，还添加了钙镁及微量元素，这样就为草莓根系保证了全面的营养供应。以色列等国滴灌的肥料基本都是水溶复合肥。

### （五）灌溉及施肥均匀度问题

设施灌溉的基本要求是灌溉均匀，保证田间每株作物得到的水量一致。只有灌溉均匀，施肥才能均匀，水肥均衡供应，草莓长势才能均匀，因此在选择滴灌带时需要注意，直喷型的滴灌带头部由于靠近主管道和尾部的水压不一致，在管道较长时容易造成管道两点出水量不同，导致灌溉和施肥不均匀，从而影响植株长势。所以长地块建议选择贴片式的滴灌带，保证水肥的均匀。

# 第九章　草莓病虫草害防治技术

## 一、草莓主要病害及其防治

### (一) 草莓灰霉病

【症状识别】灰霉病主要侵害叶、花、果柄、花蕾及果实。叶片上产生褐色或暗褐色水渍状病斑，有时病部微具轮纹。空气干燥时呈褐色干腐状，湿润时叶背出现乳白色绒毛状菌丝团。花及花柄发病，病部变为暗褐色，后扩展蔓延，病部枯死，由花延续至幼果。果实发病初期病部出现油渍状淡褐色小斑点，之后病斑颜色加深成褐色，最后果实变软，表面密生灰白色霉层。

【发生规律】病原菌在受害植物组织中越冬，在气温 18 ~ 20℃，高湿条件下繁殖，形成的孢子在空气中飞散传播，当气温在 20℃左右，栽植过密，氮肥多，阴雨或浇水湿度过大时，易导致灰霉病大爆发。温室生产中，发病期主要在 3—4 月，灰霉病菌为弱寄生菌，多从伤口或枯死部位侵入。露地草莓一般年份在花期多雨时，发病较重，反之，干旱少雨往往发病轻。设施栽培在多肥、密植，下部叶子没有摘除而枝叶繁茂、株行郁闭，再加上连续阴雨湿度过大时发病快、发病重。此外，连作田、重茬田及部分品种易感病。

【防治方法】

(1) 避免在低洼积水地块栽植草莓，控制田间湿度，合理密植，通风透光，控制施肥量；地膜覆盖以防止果实与土壤接触；选用红颜、甜查理等抗病品种。

（2）清除病原，定植前使用杀菌剂对种苗进行浸蘸处理，及时摘除病、老、残叶及感病花序，剔除病果销毁。实行轮作，定植前深耕，提倡高畦栽培，进行土壤消毒，定植前每公顷撒施85%多菌灵可湿性粉剂75～90千克后耙入土中，防病效果好。

（3）从花序显露开始喷药，可喷施等量式波尔多液200倍液，或用10%多抗霉素可湿性粉剂500倍液，或用50%腐霉利800倍液，或用40%嘧霉胺悬浮剂1 000倍液，或用50%异菌脲700倍液，或用50%乙烯菌核利可湿性粉剂800倍液，或用50%啶酰菌胺1 200倍液，根据天气情况7～10天喷1次，特别在降雨后及时喷药。注意果期不要喷施粉剂，避免影响果实的商品性。

（4）在大棚内尽量使用烟剂，特别是低温寡照、雨雪天气，以避免喷水剂增加空气湿度。可首选百菌清或腐霉利烟剂；或将棚温提高到35℃，闷棚2小时，然后放风降温，每天1次，连续闷棚2～3天，可防治灰霉病。

（5）使用硫磺熏蒸器防治灰霉病。

### （二）草莓白粉病

【症状识别】白粉病主要为害草莓叶片和嫩尖，花、果、果梗及叶柄也可受害。被害叶片出现暗色污斑，稍后叶背斑块上产生白色粉状物，后期成红褐色病斑，严重时叶缘萎缩、枯焦，叶向上卷曲。果实早期受害幼果停止发育，后期受害果面形成一层白色粉状物，失去果实光泽并硬化。

【发生规律】北方病菌以闭囊壳、菌丝体等随病残体留在地上或在活着的草莓老叶上越冬，南方多以菌丝或分生孢子在寄主上越冬或越夏，病原菌靠带病的草莓苗和风传播，侵染和传播的最适宜温度为15～25℃，低于5℃或高于35℃几乎不发病。白粉病是草莓生产中的常见病害，在草莓生长的各个阶段均有发生，温室内草莓白粉病的发病盛期为10月下旬至12月以及翌年2月下旬至5月上旬。

**【防治方法】**

（1）选用抗病品种。草莓品种间对白粉病的抗性有很大差异，甜查理、达赛莱克特、哈尼等品种抗性较好，丰香、幸香抗性较差，红颜、章姬、鬼怒甘、枥乙女等品种属中抗白粉病品种。这就要求尽量选用抗病品种，如果栽植了不抗病品种就要格外注意预防白粉病发生。

（2）清除病原菌。清理干净棚内或田间的上茬草莓植株和各种杂草后再定植，秋季及时清除病叶、病果，并集中深埋。春季发现病叶及时摘除深埋，并及时喷药防治。

（3）不要过量施用氮肥或栽植密度过大。

（4）发现病枝、病果要尽早在晨露未消时轻轻摘下装进方便袋烧掉或深埋。果农之间尽量不要互相"串棚"，避免人为传播。

（5）高温闷棚。草莓白粉病在气温低于5℃或高于35℃几乎不发病，可选择在晴天的上午关闭所有风口、窗口和门口，等温度上升到35~38℃时，保持2小时，切记时间不可过长，否则影响植株生长，之后通风降温，如此连续3天，可有效降低白粉病的危害。

（6）硫磺熏蒸技术预防。目前，日本不抗白粉病的草莓品种栽培面积仍然很大，主要采用的是硫磺熏蒸技术抑制了白粉病的危害。在棚内每60平方米安装一台熏蒸器，熏蒸器内盛20克含量99%的硫磺粉，在傍晚大棚放帘后开始加热熏蒸，隔日一次，每次4小时，连续熏3次。其间注意观察，硫磺粉不足时再补充。熏蒸器垂吊于大棚中间距地面1.5米处，为防止硫磺气体硬化棚膜，可在熏蒸器上方1米处设置一伞状废膜用以保护棚膜。此种方法对蜜蜂无害，但熏蒸器温度不可超过280℃，以免亚硫酸对草莓产生药害。如果棚内夜间温度超过20℃时要酌减用药时间。

（7）生物防治。喷洒2%嘧啶核苷类抗菌素水剂或2%武夷霉素（BO–10）水剂200倍液，间隔6~7天再防1次。

（8）药剂防治。发病前可用75%百菌清可湿性粉剂600倍液，或用25%嘧菌酯悬浮剂1 500倍液等保护性强的杀菌剂进行喷雾防护，发病后用42.8%的氟吡菌酰胺·肟菌酯悬浮剂1 500倍液，或用50%醚菌酯水分散性粒剂2 500倍液，或用40%硫悬浮剂500倍液，或用10%苯醚甲环唑水分散性粒剂3 000倍液，或用40%氟硅唑乳油8 000倍液，或用12.5%腈菌唑乳油6 000倍液，或用25%乙嘧酚悬浮剂1 000倍液，或用70%甲基托布津可湿性粉剂800倍液。这些药剂可交替使用，间隔7~10天喷施1次，喷施时要使叶的背面和芽的空隙间都均匀着药。可采用45%的百菌清烟剂熏蒸。施药时，要注意防止药量过大对草莓产生药害，还应几种农药交替使用，以避免白粉病菌对单一农药产生抗药性。采用药物防治要在采收前7天停止用药。

### （三）草莓炭疽病

【症状识别】主要为害叶片、叶柄和匍匐茎，可导致局部病斑和全株萎蔫枯死。最明显的病症是在匍匐茎和叶柄上产生溃疡状、稍凹陷的病斑，长3~7毫米，黑色，纺锤形或椭圆形。浆果受害后，产生近椭圆形病斑，浅褐色至褐色，软腐状并凹陷，后期也可长出黏质孢子团。有时叶片和叶柄上产生污斑。植株凋萎，症状除在子苗上发生外，还发生在母株上，开始1~2片嫩叶失去活力下垂，傍晚恢复正常，进一步发展植株就很快枯死。虽然不出现落叶矮化和黄化症状，但切开枯死病株根部观察，可见外侧向内部变褐，而维管束并不变色。浆果受害时，产生近圆形病斑，淡褐色至暗褐色，软腐并凹陷，后期也可长出肉红色黏质孢子团。

【发生规律】病菌在组织或植株残体内越冬，现蕾期开始在近地面植株的幼嫩部位侵染发病。草莓炭疽病是典型高温性病菌，30℃左右发病严重，在盛夏高温雨季该病易流行。在田间，孢子借风雨和流水传播。连作，植株郁闭发病严重。草莓品种对炭疽病抗性有差异，红颜、章姬等易感病，甜查理等较抗病。

【防治方法】
（1）农业措施。选用抗病品种。栽植不宜过密，氮肥不宜过量，施足有机肥和磷钾肥，提高植株抗病力。及时清除病残体。

（2）药剂防治。可喷洒25%咪鲜胺乳油1 000倍液，或用50%咪鲜胺锰盐可湿性粉剂1 500倍液，或用80%代森锰锌可湿性粉剂600~800倍液，或用10%苯醚甲环唑水分散性粒剂1 500倍液，或用60%吡唑醚菌酯·代森联水分散粒剂800倍液，或用25%嘧菌酯悬浮剂1 500倍液，或用25%硅唑·咪鲜胺可溶液剂1 200倍液进行预防；当发现有炭疽病时，应用25%吡唑醚菌酯乳油1 500~2 000倍液，或用32.5%苯甲·嘧菌酯悬浮剂1 500倍液，或用75%肟菌·戊唑醇水分散粒剂3 000倍液，或用43%戊唑醇悬浮剂4 000倍液等进行防治。

### （四）草莓红中柱根腐病

【症状识别】主要为害根部。开始发病时，在幼根根尖腐烂，至根上有裂口时，中柱出现红色腐烂，并可扩展到根颈，病株容易拔起。该病可以分为急性萎蔫型和慢性萎缩型两种，前者多在春夏发生，植株外观上没有异常表现，在3月中旬至5月初，特别是久雨初晴后，植株突然凋萎，青枯状死亡。后者主要在定植后至初冬期间发生，老叶边缘甚至整个叶片变红色或紫褐色，继而叶片枯死，植株萎缩而逐渐枯萎死亡。

【发生规律】病菌以卵孢子在土壤中存活，可以存活数年。卵孢子在晚秋初冬时产生游动孢子，侵入主根或侧根尖端的表皮，形成病斑。菌丝沿着中柱生长，导致中柱变红、腐烂。病斑部位产生的孢子囊借助灌水或雨水传播蔓延。该病是低温病害，地温6~10℃是发病适温，大水漫灌、排水不良加重发病。

【防治方法】

（1）农业措施。不宜单一连种草莓，应实行轮作倒茬。选无病地育苗，要实行4年以上的轮作。选用抗病品种。

（2）土壤消毒。在草莓采收后，将地里植株全部挖除干净，施入大量有机肥，深翻土壤，灌水后覆盖透明地膜20~30天利用太阳光消毒，太阳能结合棉隆或石灰氮消毒效果更好。

（3）药剂防治。发现病株及时挖除，在病穴内撒石灰消毒。发病初期，对所有植株灌根，可用58%甲霜灵·锰锌可湿性粉剂或60%杀毒矾可湿性粉剂500倍液，或用35%福甲可湿性粉剂900倍液，或用50%多菌灵可湿性粉剂500倍液，或用15%噁霉灵水剂700倍液，或用72%霜脲·锰锌可湿性粉剂800倍液等，每隔7～10天，连灌2～3次，采收前5天停止用药。

## （五）草莓黄萎病

【症状识别】开始发病时首先侵染外围叶片、叶柄，叶片上产生黑褐色小型病斑，从叶缘和叶脉间开始变成黄褐色萎蔫，高燥时枯死。新叶感病表现出无生气，变灰绿或淡褐色下垂，继而从下部叶片开始变成青枯状萎蔫直至植株枯死。被害株叶柄、果梗和根茎横切面可见维管束的部分或全部变褐。根在发病初期无异常，病株死亡后地上部分变黑褐色腐败。当病株下部叶子变黄褐色时，根便变成黑褐色而腐败，有时在植株的一侧发病，而另一侧健在，呈现所谓"半身枯萎"症状，病株基本不结果或果实不膨大。受害较轻的植株盛夏期间会消失，但气温降低后会重现。严重发病大棚，草莓植株长势不整齐，出现缺株甚至成片枯死。收获期植株着果量减少，小果增多。急性症状时，植株不出现心叶黄绿等叶片症状，只是突然发生凋萎，并很快全株枯萎。与草莓枯萎病的区别在于黄萎病在夏季高温季节不发病，心叶不畸形黄化。

【发生规律】病菌在病株上越冬，也可在土壤中以厚壁孢子的形式长期生存，一般可存活6～8年，带菌土壤是病害侵染的主要来源。病菌从草莓根部侵入，并在维管束里移动上升扩展引起发病，母株体内病菌还可沿匍匐茎扩展到子株引起子株发病。病菌通过浇水、耕作传播。当气温在20～25℃的多雨夏季，此病发生严重，28℃以上停止发病。土壤过干或过湿都加重发病。在病田育苗、采苗或在重茬地、茄科黄萎病地定植发病均重。

【防治方法】

（1）选用抗病品种，可与水稻等轮作，避免连作重茬。

（2）栽植前土壤消毒，在7—8月高温期，土壤翻耕整地后，用塑料膜铺盖地面，增温消毒，可在铺膜前施入氨水或硫酸铵，利用高温挥发的氨气消毒，也可用棉隆、石灰氮进行土壤消毒。

（3）减少病原，杜绝在病园繁殖苗木，在生产园发现病株及时拔除，并土壤消毒。

（4）用80%大生M－45可湿性粉剂400倍液，或70%甲基托布津可湿性粉剂300~400倍液，或75%猛杀生干悬浮剂600倍液浸根或栽后灌根，然后覆土；也可于发病初期选用50%多菌灵可湿性粉剂700~800倍液浇灌防治，每穴药液量为250克。

## （六）草莓枯萎病

【症状识别】主要为害根部，由于根部受害，病株黄矮，重者枯死。多在苗期或开花至收获期发病，发病初期仅心叶变黄绿或黄色，有的卷缩或呈波状产生畸形叶，致病株叶片失去光泽，植株生长衰弱，在3片小叶中往往有1~2片畸形或变狭小硬化，且多发生在一侧。老叶呈紫红色萎蔫，后叶片枯黄，最后全株枯死。受害轻的病株有时症状会消失，而被害株的根冠部、叶柄、果梗维管束则都变成褐色至黑褐色，根部变褐后纵剖镜检可见长的菌丝。轻病株结果减少，果实不能正常膨大，品质变劣和减产，匍匐茎明显减少。枯萎病与黄萎病近似，但枯萎病心叶黄化，卷缩或畸形，主要发生在高温期。

【发生规律】本病通过病株和病土传播。病菌在病株分苗时进行传播蔓延，病菌从根部自然裂口或伤口侵入，在根茎维管束内进行繁殖、生长发育，并在维管束中移动、增殖，通过堵塞维管束和分泌毒素，破坏植株正常输导机能而引起萎蔫。一般病菌发育温度限为8~36℃，15~18℃开始发病，最适发病温度为28~32℃。连作或土质黏重、地势低洼、排水不良都会使病害加重。

**【防治方法】**

（1）对秧苗要进行检疫，建立无病苗圃，从无病田分苗，栽植无病苗。

（2）栽植草莓田与禾本科作物进行 3 年以上轮作，最好能与水稻等水田作轮作，效果更好。

（3）提倡施用酵素菌沤制的堆肥。

（4）发现病株及时拔除集中烧毁，病穴用生石灰消毒。用棉隆或石灰氮进行土壤消毒效果更好。

（5）发病初期用 50% 多菌灵可湿性粉剂 600 ~ 700 倍液，或用 40% 氟硅唑乳油 8 000 倍液，或用 70% 代森锰锌 500 倍液，50% 苯菌灵可湿性粉剂 500 倍液喷淋茎基部，隔 15 天左右 1 次，共防 5 ~ 6 次。或用 70% 甲基托布津 300 ~ 400 倍液浸苗 5 分钟后再定植，或用药液灌根消毒。

### （七）草莓疫霉果腐病

**【症状识别】** 草莓根、花穗、果穗、蕾、花、果及叶均可发病，根发病由外向里变黑，革腐状。早期地上不显症状，中期植株生长差，略显矮小，到开花结果期如干旱，则植株失水萎蔫，浆果膨大不足，色暗无光泽，果小味淡，汁少，严重时植株死亡。叶、花序和果穗染病呈急性水烫状，迅速变褐至黑褐色死亡。青果被害，呈淡褐色水烫状斑，并迅速扩大漫及全果，果实变为黑褐色，后干枯、硬化、似皮革，亦称革腐病。成熟果发病时，病部稍褪色失去光泽，白腐软化，呈水渍状，发出臭味。

**【发生规律】** 病菌以卵孢子在病果、病根等病残物中或土壤中越冬，因此，发病地区的病苗和土壤都可作为病原远距离传播的媒介。病原菌孢子借风雨、流水、农具等传播。本病属于土壤真菌传播病害，连作重茬地病情严重。

**【防治方法】**

（1）不宜连作，避免地势低、湿度大的地块栽培。

（2）利用太阳能＋棉隆或石灰氮高温闷棚进行土壤消毒。

（3）采用高垄覆膜栽培，及时彻底消除病果，发病初期喷施25％多菌灵可湿性粉剂300倍液，或用80％代森锰锌可湿性粉剂600～800倍液，或用75％百菌清可湿性粉剂500倍液，或用72％霜脲·锰锌可湿性粉剂800倍液，或用35％瑞毒霉可湿性粉剂1 000倍液，或用68％甲霜·锰锌水分散粒剂700倍液。

### （八）草莓腐霉病

【症状识别】主要为害根和果实，果梗和叶柄也可受害。根部染病后变黑腐烂，导致地上部萎蔫，甚至死亡。贴地果和近地面果容易发病，病部呈水浸状，熟果病部开始为浅褐色，后变为微紫色，果实软腐并略具弹性，果面长满浓密的白色菌丝。

【发生规律】该病病原是世界上广泛分布的土壤真菌，存在于土壤、植物残体和粪肥中，在土壤中能够长期存活。通过病苗、病土和田间流水进行传播。高温、高湿、多雨导致发病严重。本病属于土壤真菌传播病害，连作重茬地及低洼地的植株发病严重。

【防治方法】

（1）搞好大棚内部和周围的卫生，清除病株、病叶及各种病残体并深埋。采用高垄栽培、使用滴灌和地膜覆盖，土壤利用太阳能＋棉隆或石灰氮进行高温消毒处理。

（2）喷施25％多菌灵可湿性粉剂300倍液，或用25％甲霜灵可湿性粉剂1 000～1 500倍液，或用10％苯醚甲环唑水分散性粒剂3 000倍液，或用15％噁霉灵水剂400倍液喷雾防治，间隔10天左右喷施1次，连喷3～4次，采收前7天停止用药。

### （九）草莓疫病

【症状识别】主要为害根部。病菌侵染到草莓根冠部或根基部使其变褐，发病后期支柱地上部分萎蔫，最后干枯。切断病变根部，可见从外向里逐渐变褐。叶片受害，初期产生纺锤形或圆形黑褐色病斑，稍凹陷，发病快时，出现暗褐色不定形病斑。

【发生规律】该病的游动孢子侵染根冠等部位引起初侵染，再由病组织产生释放的游动孢子进行反复侵染，孢子通过雨水、灌溉水和空气传播，高温、高湿、多雨可使发病严重。地势低洼、排水不良的地块病害严重。

【防治方法】

（1）农业措施。选择地势高、排水良好的地块种植。采用高垄栽培方式，覆盖地膜。精细整地，小水轻浇，雨后及时排水。增加株间通风透光，避免偏施氮肥，增施磷钾肥。

（2）药剂防治。发病初期可喷25%甲霜灵可湿性粉剂1 000倍液，或用58%甲霜·锰锌可湿性粉剂500倍液，或用40%乙膦铝可湿性粉剂200~300倍液，或用69%安克·锰锌可湿性粉剂800倍液，或用64%杀毒矾可湿性粉剂500倍液等药剂。喷药的重点部位在植株基部和地面，喷后3小时内遇到雨要再补喷一次。

## （十）草莓芽枯病

【症状识别】该病也称作"草莓立枯病"，主要为害花蕾、芽和新叶，成熟叶片、果梗等也可感病。感病后的花蕾、芽和新叶逐渐枯萎，呈灰褐色；叶正面颜色深于叶背，脆且易碎；最终整个植株呈猝倒状或变褐枯死。

【发生规律】该病的病原菌是丝核菌，此菌腐生性很强，是多种作物的重要根部病害。病菌以菌丝体或菌核随病株残体在土壤中越冬，通过病苗、病土传播。多肥高湿的栽培条件容易导致病害的发生和蔓延，栽植密度过大和过深会加重病害发生程度。

【防治方法】

（1）农业措施。施用腐熟有机肥，不要在病田育苗采苗，合理密植，合理灌溉，灌溉时尽量增加光照。适时放风。

（2）药剂防治。草莓现蕾后开始喷10%立枯灵水悬浮剂300倍液，或用25%叶枯唑600倍液，或用10%多抗霉素可湿性粉剂

500~1 000倍液，或用2.5%咯菌腈悬浮剂1 500倍液，或用50%嘧菌环胺水分散性粒剂1 500倍液，7天左右1次，共喷2~3次。它与灰霉病混合发生时，可喷洒50%速克灵可湿性粉剂2 000倍液，或用65%甲霉灵（硫菌霉威）可湿性粉剂1 500倍液。采收前3天停止用药。

### （十一） 草莓褐色轮斑病

【症状识别】该病主要为害叶片、果梗、叶柄，匍匐茎和果实也可受害。受害叶片最初出现红褐色小点，逐渐扩大呈圆形或近椭圆形斑块，中央为褐色圆斑，圆斑外为紫褐色，后期病斑上形成褐色小点（病菌的分生孢子器）。几个病斑融合到一起时，可导致叶组织大片枯死。

【发生规律】病原菌以菌丝体和分生孢子器在病叶组织上越冬或随土壤中的病株残体一起越冬。分生孢子通过雨水溅射或空气传播到叶片上，进行初侵染。病部不断地产生分生孢子从而进行多次再侵染，使病害逐渐蔓延扩大。在高温多湿季节，病害发生严重。重茬和漫灌加重病害的发生程度。

【防治方法】

（1）农业措施。因地制宜选用抗病良种。

（2）药剂防治。定植前摘除种苗病叶烧毁，并用70%甲基托布津500倍液浸苗20分钟，待药液晾干后栽植，可减少病源。在田间，发病初期开始喷洒2%农抗120水剂200倍液，或用70%甲基硫菌灵可湿性粉剂800倍液，或用40%多硫悬浮剂500倍液，或用27%高脂膜乳剂200倍液混70%百菌清可湿性粉剂600倍液，每10天1次，连续喷2~3次，采收前5天停止用药。

### （十二） 草莓"V"型褐斑病

【症状识别】该病主要为害叶片，也为害花和果实。在幼叶上病斑常从叶顶部开始，沿中央主叶脉以"V"字形或"U"字形发展，形成"V"形病斑，病斑褐色，边缘浓褐色；在老叶上最初为紫褐色小斑，逐渐扩大形成褐色不规则形状病斑。花和果实受侵染后，花萼和花梗变褐色死亡，浆果引起干性褐腐。

【发生规律】病原菌在病残体上越冬和越夏，秋冬时节形成子囊孢子和分生孢子，释放出来后在空气中经风雨传播，侵染发病。该病是偏低温、高湿病害，春秋特别是春季多阴湿天气有利于此病的发生和传播，一般花芽形成期和花期前后是发病高峰期。28℃以上，此病发生极少。

【防治方法】

（1）农业措施。及时摘除病老枯死叶片，集中烧毁，加强栽培管理，注意植株通风透光，不要单施速效氮肥，适度灌水，促使植株生长健壮。

（2）药剂防治。一般在现蕾开花期开始喷药，可用25%多菌灵可湿性粉剂300倍液，或用40%灭病威悬浮剂300倍液，或用80%代森锌可湿性粉剂600倍液，或用50%代森铵水剂800倍液，或用50%乙烯菌核利可湿性粉剂800倍液，或用70%甲基托布津可湿性粉剂600倍液，或用80炭疽福美可湿性粉剂500倍液，每5~7天喷1次，一般喷2~3次即可。

### （十三）草莓蛇眼病

【症状识别】该病主要为害叶片，造成叶斑，大多发生在老叶上。叶柄、果梗、嫩茎和浆果也可受害。叶上病斑初期为暗紫红色小斑点，随后扩大成2~5毫米大小的圆形病斑，边缘紫红色，中心灰白色，略有细轮纹，酷似蛇眼。病斑发生多时，常融合成大病斑。

【发生规律】病原菌以病斑上的菌丝或在病残体上越冬和越夏，秋冬时节形成子囊孢子和分生孢子，释放出来后在空气中经风雨传播，侵染发病。该病是偏低温、高湿病害，春秋特别是春季多阴湿天气有利于此病的发生和传播，一般花期前后花芽形成期是发病高峰期。28℃以上，此病发生极少。

【防治方法】

（1）农业措施。及时摘除病老枯死叶片，集中烧毁，加强栽培管理，注意植株通风透光，不要单施速效氮肥，适度灌水，促使植株生长健壮。

（2）药剂防治。一般在现蕾开花期开始喷药，可用25%多菌灵可湿性粉剂300倍液，或用40灭病威悬浮剂300倍液，或用80%代森锌可湿性粉剂600倍液，或用50%代森铵水剂800倍液，或用70%甲基托布津可湿性粉剂600倍液，或用80炭疽福美可湿性粉剂500倍液，每5~7天喷1次，一般喷2~3次即可。

### （十四）草莓病毒病

【症状识别】草莓上发生的病毒病种类很多，对草莓的产量和品质影响很大，其中，危害严重的有5种。其一为草莓斑驳病毒，该病毒单独侵染不表现症状，只有复合侵染时表现为植株矮化，叶片变小，产生褪绿斑，叶片皱缩及扭曲。其二为草莓轻型黄边病毒，该病毒可引起植株矮化，当复合侵染时，可引起叶片失绿黄化，叶片卷曲。其三为草莓镶边病毒，该病毒单独侵染时无明显症状，当和斑驳病毒或轻型黄边病毒复合侵染时，病株叶片皱缩扭曲，植株极度矮化。其四为草莓皱缩病毒，在感病品种上表现为叶片畸形，有褪绿斑，幼叶生长不对称，小叶黄化，植株矮小。其五为草莓潜隐病毒C，该病毒单独侵染时在多数栽培品种上不表现症状，和其他病毒复合侵染时，植株表现为矮化，叶片反卷扭曲。

【发生规律】苗木带毒是病毒流行的主要原因之一，引进带毒草莓植株后，自然繁殖的子苗都带毒。另外，蚜虫是田间株间传毒的主要媒介，蚜虫在传毒以后，病毒在植株体内要经过半月以后才会发病表现症状。

【防治方法】

（1）注意检疫，引进无病毒苗木栽植，可显著提高草莓产量和品质，并注意，1~2 年换 1 次苗。

（2）苗木脱毒，草莓苗在 40~42℃下处理 3 周，切取茎尖组织培养，获得无毒母株后，进行隔离繁殖无毒苗。

（3）生长期防治蚜虫，可用 10% 吡虫啉可湿性粉剂 5 000 倍液喷雾，大棚中可用 1% 吡虫啉油烟剂喷烟防治，以防止加大棚内湿度。

### （十五）草莓生理性缺钙

【症状识别】新嫩叶片皱缩或缩成皱纹，顶端不能展开，叶片褪绿，有淡绿色或淡黄色界限，下部叶片也发生皱缩，顶端叶片不能充分展开，尖端叶缘枯焦，浆果变硬、味酸。

【发生规律】保护地草莓植株缺钙一般发生在春季 2—3 月，气温较高，植株营养生长加快，在土壤干燥或土壤溶液浓度高的条件下，阻碍对钙的吸收。酸性或沙性土壤容易发生缺钙症状。

【防治方法】

（1）在草莓种植之前土壤增施石膏或石灰，一般每亩施用量为 50~80 千克，视缺钙情况而定。

（2）及时进行园地灌水，叶面喷施 0.2% 的氯化钙或硝酸钙水溶液。

### （十六）草莓生理性缺铁

【症状识别】缺铁的表现症状是由嫩叶片黄化或失绿，逐渐向黄化深度发展并进而变为黄白化，发白的叶片组织出现褐色污斑。草莓严重缺铁时，叶脉为绿色，叶脉间表现为黄白色，色界清晰明显，新成熟的小叶变白色，叶缘枯死。缺铁植株根系生长差，长势弱，植株较矮小。

【发生规律】碱性土壤和酸性较强的土壤均易缺铁，土壤过干、过湿也易出现缺铁现象。

【防治方法】草莓园地增施有机肥料或施用多元复合肥，促进各种元素均匀释放。在草莓缺铁时可用硫酸亚铁、螯合铁和尿素铁肥等，叶面喷肥，硫酸亚铁浓度为 0.1% ~ 0.2%，螯合铁为 0.03%，尿素铁浓度为 0.5% ~ 1.0%。

### （十七）草莓氨害

【**症状识别**】草莓氨害主要是指保护地栽培的草莓受氨气危害，每年均有不同程度地发生。绝大多数发生在老叶上。初期表现为叶片边缘夜间不"吐水"，距叶缘 2 ~ 3 厘米处出现褪绿，后逐步转变为淡红色和紫褐色，并发展到叶缘枯死或全叶死亡。严重发生时全园草莓叶片类似"火烧"，叶片成黄白色枯叶，叶干燥易碎，花萼枯黄，果实畸形，影响产量。

【**发生规律**】通常在保护地大棚覆盖后 15 天内，由于草莓移植前施用的大量有机肥（底肥）正处于分解阶段，白天气温高，易出现保护地内氨气浓度过高，此时草莓氨气危害最易发生。另外，当草莓园施用追肥后 2 ~ 3 天，长时期阴雨，草莓闭棚时间过长，或土壤长期干燥，园地灌水后肥料分解，产生氨气，在通风不良的情况下，保护地内氨气浓度超过草莓生长的临界浓度，造成草莓叶片受害。当早晨开棚门时，迎面扑来一股刺鼻氨气臭味时，说明保护地内氨气浓度过高。

【**防治方法**】

（1）施用腐熟的有机肥作底肥；如果施入未腐熟的有机肥，必须在起垄前 30 ~ 45 天施入，深翻耙匀后浇水，以利于有机肥腐熟。

（2）在保护地覆盖后 15 天内，要求保护地通风时间长，早晨揭棚通风要早，傍晚盖棚要迟。

（3）冬季长期阴雨，闭棚时间过长，将会造成棚内氨气积累过多，应根据当时的气温高低，进行适当的通风。

（4）叶面喷施 1.8% 爱多收水剂 4 000 倍液，可有效缓解氨害。

# 二、草莓主要虫害及其防治

## （一）螨类

【症状识别】为害草莓的螨类有多种，其中以二斑叶螨和朱砂叶螨为害严重。二斑叶螨成螨污白色，体背两侧各有一个明显的深褐色斑，幼螨和若螨也为污白色，越冬型成螨体色变为浅橘黄色。朱砂叶螨成螨为深红色或锈红色，体背两侧也各有一个黑斑。

【发生规律】二斑叶螨和朱砂叶螨都以成螨在地面土缝、落叶上越冬。在郑州露地草莓上，2月底开始见越冬二斑叶螨成螨，在大棚由于温度回升早，很早即可为害草莓。二斑叶螨寄主广泛，在和果树间作时，5月底以前主要在地面为害作物，然后上树为害果树。二斑叶螨繁殖力极强，在7月7~10天可繁殖一代，并且抗药性很强。朱砂叶螨相对较易防治。

【防治方法】

（1）二斑叶螨仅是局部发生，在草莓引种时应特别注意，最好不从有二斑叶螨的地方引种。

（2）当发现二斑叶螨时，及时防治，在早春数量少时可用5%尼索朗乳油1 500倍液，或20%螨死净可湿性粉剂2 000倍液，这两种药剂持效期长，但不杀成螨，可使着药的成螨产的卵不孵化。也可使用螺螨酯6 000~8 000倍液，春季5月至6月初，秋季9—10月各使用1次基本上能控制全年螨类为害。为避免产生抗药性风险，建议全年使用不高于2次。当二斑叶螨数量多时，可使用的药剂有5%噻螨酮2 000倍液，或用73%炔螨特乳油2 000倍液，或用15%哒螨灵乳油2 000倍液，或用0.2%阿维菌素乳油2 000倍液，阿维菌素速效性好，但持效期较短，一般在喷药后2周需再喷1次。温室大棚可以用螨蚜双杀等烟剂熏蒸防治。采收前10天停止用药。也可采用天敌防治，如扑食螨、塔六点蓟马等，塔六点蓟马成虫和若虫均捕食螨虫及其卵，不为害草莓。1龄若虫日平均捕食螨虫量为13.5头，2龄为15.2头，3龄为15.7头，成虫日平均捕食螨虫卵量为100个，捕食成螨量为30头。

**（二）蚜虫类**

**【症状识别】**蚜虫俗称腻虫，为害草莓的主要是棉蚜和桃蚜，另外有草莓胫毛蚜，草莓根蚜等。棉蚜体绿色，无光泽，桃蚜绿色或紫红色。蚜虫在草莓嫩叶叶背、叶柄和花柄上吸食汁液，排除的黏液污染果面和叶片，叶片受害严重时卷曲。

**【发生规律】**棉蚜以卵在花椒、夏至草等植物上越冬，桃蚜以卵在桃树芽腋处越冬，但在大棚中持续为害。蚜虫越冬卵孵化后形成干母，以后行卵胎生，即雌蚜虫产下的为小蚜虫，在温度适宜时每周可完成1代，直到深秋时才产生性蚜，交尾后产生越冬卵。蚜虫不但直接为害草莓，而且为传染病毒的主要媒介，传染病毒所造成的损失远大于其自身的为害所造成的损失。

**【防治方法】**

（1）草莓和桃树间作时，要注意防治好桃树的蚜虫，特别在5月中下旬和9月下旬后桃蚜转移期。可用黄板诱蚜，或喷洒药剂。

（2）药剂防治。在开花前可用10%吡虫啉可湿性粉剂1 500倍液，3%啶虫脒乳油2 000倍液，27.5%油酸烟碱500倍液，或用2.5%溴氰菊酯乳油3 000倍液喷雾防治，温室大棚可以蚜虫净、异丙威等烟剂熏蒸防治。采收前15天停止用药。

**（三）椿象类**

**【症状识别】**为害草莓的椿象有多种，常见的有牧草盲蝽、绿盲蝽、苜蓿盲蝽。牧草盲蝽成虫体长5~6毫米，体色古铜色，以针状口器刺吸果实汁液，使果实生长受阻，形成畸形果实。

**【发生规律】**在杂草中越冬，早春先在背风向阳的地块为害，食性很杂。

【防治方法】

（1）清除虫源。彻底清除草莓园和周围的杂草、枯枝落叶。

（2）药剂防治。发现为害后可用 40% 乐斯本乳油 2 000 倍液，或用 10% 吡虫啉可湿性粉剂 1 500 倍液喷雾防治。

## （四）线虫类

【症状识别】为害草莓的主要有芽线虫和根线虫，芽线虫和根线虫体长多在 1 毫米以下，必须用显微镜才可观察清楚。芽线虫主要为害嫩芽，芽受害后新叶扭曲，严重时芽和叶柄变成红色，花芽受害时，使花蕾、萼片以及花瓣畸形，坐果率降低，后期为害，苗心腐烂。根线虫为害后，草莓根系不发达，植株矮小，须根变褐，最后腐烂、脱落。

【发生规律】草莓芽线虫病主要在草莓芽上寄生，条件不适合时进入土壤中生活，当植株上出现水膜时，它又继续生长发育，在芽生长点附近的表皮组织上营外寄生生活，刺破表皮组织吸食汁液，定植后使新生叶变小畸形，株型矮缩。根线虫在土壤中定居，可为害多种作物，草莓连作为害加重。各种线虫主要是通过种苗和有线虫的土壤及枯枝落叶、雨水、灌水、耕作工具等传播。一般重茬地和轻沙壤地受害较重。

【防治方法】

（1）严格实施检疫，杜绝虫源，选择无线虫为害的秧苗，选择无病区育苗，在繁苗期发现线虫为害苗时应及时拔除，并进行防治，清除田间杂草。

（2）轮作换茬，草莓种植 2～3 年后，要改种抗线虫的作物，间隔 3 年以后再种草莓。

（3）用太阳能结合棉隆或石灰氮进行土壤消毒。

（4）药剂防治。栽前用 3% 米乐尔或克百威颗粒剂每 667 平方米撒施 3～5 千克，或用 10% 苯线磷每 667 平方米撒施 2～4 千克后旋入土中 5～10 厘米，然后栽植，栽植后及时灌水；防治芽线虫在早春开花前，或草莓采收完毕后，可用1.8%阿维菌素乳油5 000倍液喷雾防治，间隔7~10天再喷1次。防治根线虫可在草莓采收完毕后，先顺行开沟，然后施入3%米乐尔颗粒剂，每亩3~5千克，或结合防治蛴螬等地下害虫，可用90%晶体敌百虫800倍液，然后覆土，土壤干旱时可随后适量浇水。果实生长到成熟期不能施药。

**（五）象鼻虫**

【症状识别】成虫深褐色，体长2~3毫米，幼虫蠕虫形，为害花蕾、花梗和嫩叶，使花蕾干枯，对产量影响很大。

【发生规律】以成虫在土内越冬，早春出蛰为害，6月中下旬出现第一代成虫。

【防治方法】

（1）消灭虫源。当上年为害严重时，早春先清除枯叶杂草，然后顺行用50%辛硫磷乳油400倍液浇灌，随即覆薄土防止药剂光解。

（2）药剂防治。当发现为害时，可及时喷药防治，使用的药剂有50%辛硫磷乳油1 200倍液，20%甲氧滴涕乳油300倍液，40%乐斯本乳油2 000倍液。

**（六）粉虱类**

【症状识别】目前常见的有白粉虱和烟粉虱，白粉虱成虫体长1~1.5毫米，翅面覆盖白蜡粉，停息时双翅合拢呈屋脊状，形如蛾子，翅端半圆状。烟粉虱和白粉虱形态近似，个体略小，但近年来烟粉虱在南北方各地为害加剧，烟粉虱寄主范围广，传染病毒能力强。粉虱成、若虫吸食植物汁液，被害叶片褪绿、变黄，虫体排泄大量蜜液污染叶片和果实，形成煤污病，失去商品价值。

【发生规律】粉虱每年发生10多代，可在温室以各种虫态越冬，卵以卵柄插入叶片组织中，若虫孵化后可短距离游走，当口器刺入叶肉组织后，开始营固定生活。一般在秋季为害严重。

**【防治方法】**

（1）生物防治。人工释放丽蚜小蜂，寄生粉虱若虫。

（2）黄板诱集。利用粉虱对黄色的趋性，利用黄板诱杀，每亩设置50块。

（3）药剂防治。药剂防治要统一联防，使用药剂有10%吡虫啉可湿性粉剂5 000倍液，10%扑虱灵乳油1 000倍液。

（4）注意消灭温室的越冬虫源。

## （七）蓟马

**【症状识别】**蓟马是一种靠植物汁液维生的昆虫，成虫体长约1毫米，淡黄色至橙黄色，头近方形，四翅狭长，周缘具长毛。卵长椭圆形，约0.2毫米，黄白色。初孵若虫极细，体白色；1~2龄若虫无翅芽，体色转为黄色；3龄若虫有翅芽（预蛹）；4龄若虫体金黄色（伪蛹），不取食。嫩叶受害后使叶片变薄，叶片中脉两侧出现灰白色或灰褐色条斑，表皮呈灰褐色，出现变形、卷曲，生长势弱，严重情况下会造成顶叶不能展开，整个叶片变黑，变脆，植株矮小，发育不良，或成"无心苗"，甚至死亡。幼果弯曲凹陷，畸形，果实膨大受阻，受害部位发育不良，种子密集，果实僵硬，严重影响果实的商品性。目前蓟马为害已经从长江流域扩展到黄河流域，应提高警惕，加大防治力度。

**【发生规律】**在保护地内每年有3个为害高峰期，分别在3月、5月下旬至6月中旬、9—10月，尤以春季和秋季发生普遍，为害严重。蓟马成虫活跃、善飞、怕光，白天多在叶背和腋芽处，阴天和夜间出来活动，多在心叶和幼果上取食，少数在叶背为害。雌成虫主要行孤雌生殖，也偶有两性生殖；卵散产于叶肉组织内，每雌产卵60~100粒，卵期3~12天，若虫期3~11天，若虫也怕光，到3龄末期停止取食，坠落在表土化蛹，蛹期3~12天，成虫寿命20~50天。

**【防治方法】**

（1）消灭虫源。早春清除田间杂草和枯枝残叶，集中烧毁或深埋，消灭越冬成虫和若虫。

（2）用营养钵育苗。栽培时用地膜覆盖，减少出土成虫数量，加强肥水管理，促使植株生长健壮，减轻为害。

（3）物理防治。利用蓟马趋蓝色的习性，草莓棚内离地面30厘米左右，每隔10~15米悬挂一块蓝色粘板诱杀成虫。

（4）药剂防治。在成虫盛发期或每株若虫达到3~5头时，可选用60克/升乙基多杀菌素悬浮剂1 000倍液，或用22%氟啶虫胺腈悬浮剂3 000倍液，或用25%吡虫啉可湿性粉剂2 000倍液，或用3%啶虫脒乳油1 000倍、或用10%烯啶虫胺水剂2 500倍液等喷雾防治。根据蓟马昼伏夜出的特性，建议在下午用药。也可采用杀虫烟熏剂防治。

## （八）野蛞蝓

【症状识别】野蛞蝓别名鼻涕虫，属软体动物门腹足纲柄眼目蛞蝓科。在我国大部分地区都有发生，在草莓上主要为害成熟期浆果，取食浆果成空洞。成虫伸长时长30~60毫米、宽4~6毫米，长梭形，柔软，光滑而无外壳。体表暗黑色或暗灰色，黄白色或灰红色，有的有不明显暗带或斑点，触角两对，下面一对短，黏液无色。

【发生规律】野蛞蝓冬春季节在棚内气候适宜时，经常进行为害。蛞蝓怕光，强光下2~3小时即死亡，因此均夜间活动，从傍晚开始出动，清晨之前潜入土中隐蔽，在食物缺乏或不良条件下能不吃不动。阴暗潮湿的环境易于大发生，当气温11.5~18.5℃，土壤含水量为20%~30%时，对其生长发育最为有利。

【防治方法】

（1）定植前。施用充分腐熟的有机肥，以创造不适于野蛞蝓发生和生存的条件。

（2）药剂防治。可在田间操作行内撒施四聚乙醛类杀虫剂。

### （九）地下害虫

【症状识别】为害草莓的地下害虫主要有蛴螬、地老虎和蝼蛄。蛴螬是各种金龟子幼虫的统称，幼虫弯曲呈 C 形。地老虎为夜蛾科的一类害虫幼虫的总称，幼虫一般暗灰色，带有条纹和斑纹，身体光滑。蝼蛄有非洲蝼蛄和华北蝼蛄之分，非洲蝼蛄体长 30~35 毫米，华北蝼蛄体长 36~55 毫米，蝼蛄体灰褐色，前足为开掘式。蛴螬为害幼根和嫩茎，造成死苗，地老虎小幼虫为害嫩芽，被害叶片呈半透明和小孔，3 龄以后白天潜伏在表土中，晚上出来为害，常咬断根状茎造成植株死亡，且为害果实。蝼蛄在表土层穿行，为害作物根系，晚上出来取食果实。

【发生规律】蛴螬和地老虎以幼虫在土壤中越冬，蝼蛄以成虫或若虫在土壤中越冬，当春天土温升高时开始为害，蛴螬羽化成金龟子因种类不同而时间各异。地下害虫一般喜欢在土壤有机质含量高、土壤较湿润的地块为害。

【防治方法】

（1）利用蝼蛄的趋光性，可在蝼蛄发生期挂黑光灯诱杀蝼蛄。

（2）在草莓定植前整地时，先用药剂处理有机肥，撒于田间后再翻耕。使用药剂有 50% 辛硫磷乳油或 40% 乐斯本乳油，每亩 0.5 千克加水 300 倍喷雾。

（3）毒饵诱杀。以 90% 晶体敌百虫和炒香的麦麸按 1：60 的比例配成毒饵，方法是先将敌百虫用水稀释 30 倍，和炒香的麦麸拌匀，傍晚撒在地面。可防治地老虎和蝼蛄。

（4）药剂灌根。可先顺行开沟，用 50% 辛硫磷乳油 1 500 倍液浇灌，然后覆土，每亩用 50% 辛硫磷乳油 0.5 千克。

# 三、草莓草害的防治

防御杂草为害一直是草莓生产中的一个重要问题。由于草莓园施肥量大，灌水频繁，杂草发生量大，不仅与草莓争夺水分和养分，而且还影响通风透光，恶化草莓园的小气候，使病虫害发生严重。草害可使产量损失 15% 左右。杂草大体上可以分为二年生杂草、一年生杂草和越冬性的一年生杂草 3 类。

草莓植株低矮，栽植密度大，除草困难，畦内除草有时只能用手锄或人工拔草。目前草莓园仍旧依赖人工除草，不仅工效低，而且劳动强度大。北方草莓园全年除草每 667 平方米用工高达 30 人以上，南方更多。由于各地条件不同，除草要因地制宜，选择省工、省力、成本低、效果好的除草方法，采取综合防治措施。

### （一）耕翻土壤

在新栽草莓之前，进行土壤深耕翻地，可以有效地控制杂草。耕翻后 1~2 周内不下雨，就可以利用太阳将露在外面的杂草晒死，使翻入土中的不见光的杂草烂掉。

### （二）轮作换茬

这是防治杂草的有效措施，可以改变杂草群落，控制难以防治的杂草产生。从防治虫害等方面考虑，草莓也需轮作换茬。这一措施的应用对整个草莓生产的各个环节都有利。

### （三）覆盖压草

栽植草莓地面用黑色地膜覆盖，可保持土壤无杂草，在高温多湿地区更适宜。灌水时可掀起地膜的一面，或在垄沟灌水，通过旁渗湿润土壤。透明薄膜覆盖只要四周盖严实，也有一定的抑草效果，但透明薄膜易导致草莓植株早衰。

### （四）人工除草

草莓生产中，经常进行人工除草必不可少，以保持草莓园的清洁。除草与中耕松土保墒同时进行。草莓生长周期中，除草有三个比较关键的时期。一是栽植后至越冬前；二是翌年春季，草莓萌芽后到开花结果前，以保墒和提高地温为目的进行中耕松土，施肥灌水后还要进行浅耕锄地；三是果实采收后，这时气温较高，降雨较多，草莓和杂草都进入旺盛生长期，也是控制杂草的关键时期。

## （五）化学除草

化学除草就是利用除草剂防治杂草。化学除草具有高效、迅速、成本低、省工等特点。在日本等国化学除草已经成为草莓栽培中的一项常规性技术措施，化学除草剂在草莓园使用一定要谨慎，许多除草剂都会对草莓产生危害。一般使用精禾草克、盖草能、氟乐灵、丁草胺、二甲戊灵、甜菜安·宁等除草剂，通过实验证明，对草莓植株不产生药害或药害较轻，在正常浓度范围内有抑制杂草的效果，但在不同的气候条件下、不同的土壤内使用时效果有一定差异。

1. 育苗田除草

（1）土壤处理杀灭芽前杂草。

33%二甲戊灵对草莓育苗地一年生禾本科杂草优势种群防效甚佳，对部分阔叶杂草也具有较好防效，具有安全性好、防效高、持效期相对较长等特点，建议在草莓育苗地示范推广，使用浓度为500~750倍液，每667平方米用水量60升。将畦面泥土整细耙平，清除杂草。于无风晴好天气用喷雾器均匀喷雾，第2天上午定植草莓母株。33%二甲戊灵持效期长，一次用药，不仅节省大量除草人工，而且减少了（因拔除杂草带来）匍匐茎机械损伤和幼苗扎根入土困难问题，既能减轻炭疽病、叶斑病、黄萎病等病害的发生，又能提高幼苗成活率和苗木质量。

96%金都尔乳油每667平方米用药量50毫升，对水37.5升均匀喷雾，施药后第二天栽种草莓，对禾本科杂草和双子叶杂草（除牛繁缕外）均有良好的防除效果，一次用药可以控制草莓整个生长周期的草害。对草莓苗安全，96%金都尔是一种理想的草莓田一次性除草剂。

用50%丁草胺乳油100～125毫升，对水50升喷施于土表，可较好地杀灭芽前杂草，施药后第2天栽种草莓。

在草莓种苗移栽前用48%氟乐灵乳油处理土壤可有效防治草莓田多种杂草为害，效果好。氟乐灵乳油为土壤处理型除草剂，对防治正在萌发的许多一年生禾本科和阔叶杂草的种子效果很好，如马齿苋、西风古、猪毛菜、藜、地肤、蓼属植物等。每667平方米用药100～200毫升，稀释500～1 000倍液喷施于土表，施药后应及时混土3～5厘米保墒，以防光解，有效期为10～12周。也可在草莓生长季节行间喷施，喷施后混土。

（2）种苗移栽后除草。

在草莓定植缓苗后杂草2～4叶期进行茎叶喷雾处理，每公顷施用16%甜菜安·宁乳油6 000毫升和15%精吡氟草灵乳油1 200毫升，每公顷喷液量450升，对单子叶杂草防效达到99.21%，对双子叶杂草防效达98.37%，适合在草莓育苗田施用。如果草莓育苗田杂草比较单一，则防治单子叶杂草每公顷可分别选用10.8%高效吡氟氯草灵乳油525毫升、15%精吡氟草灵乳油1 500毫升和8.8%精喹禾灵乳油750毫升，对于单子叶杂草的防效都在98%以上，对于双子叶杂草可选用16%甜菜安·宁乳油6 000毫升，防效在90%以上，且对于草莓苗安全。还可用20%百草枯水剂200倍液，定向在草莓行间喷施，喷前在喷头上加防护罩，防止伤及草莓幼苗。

2. 生产田除草

（1）土壤处理杀灭芽前杂草。

96%金都尔乳油每667平方米用药量50毫升，对水37.5升均匀喷雾，施药后第二天栽种草莓，对禾本科杂草和双子叶杂草（除牛繁缕外）均有良好的防除效果，一次用药可以控制草莓整个生长周期的草害。

用50%丁草胺乳油100～125毫升，对水50升喷施于土表，可较好地杀灭芽前杂草，施药后第2天栽种草莓。

当草莓幼苗从育苗的苗圃移栽到假植田或生产田之前，可用

48%氟乐灵乳油每667平方米100~200毫升，稀释500~1 000倍液喷施于土表，然后用耙齿与土壤拌和，以防光解失效。该种药剂可杀灭多种单子叶杂草和部分阔叶杂草。在露地栽培时，秋季定植后每667平方米喷48%氟乐灵乳油125毫升，施后于越冬防寒前覆盖透明地膜，翌春把地膜撕一小孔，让草莓长出。这样，在草莓采收前可以保持基本无杂草。也可用50%丁草胺乳油100~125毫升，对水50升喷施于土表，可较好地杀灭芽前杂草。

（2）生产苗移栽后除草。

可用10.8%高效盖草能乳油20毫升，或15%精稳杀得乳油70毫升，对水40~50升喷施，能较好地防除3~5叶期禾本科杂草。也可用10.8%高效盖草能加50%丁草胺60~80毫升，对水50~60升，于幼苗假植或定植10~15天后，趁田间高湿或下毛毛雨时喷施，可杀死多种单子叶杂草和阔叶杂草。还可用20%百草枯水剂200倍液，定向在草莓行间喷施，喷前在喷头上加防护罩，防止伤及草莓幼苗。

在草莓果实采收后杂草大量发生，可视杂草种类使用不同的除草剂防治。若禾本科草占优势，每667平方米可喷施12.5%盖草能130克，或用35%稳杀得38克，或用15%精稳杀得45毫升、或用10.8%高效盖草能乳油30毫升、或用5%精禾草克乳油50毫升等，对禾本科草杀死效果可达96%以上；若阔叶草占优势，每667平方米可喷施24%达克尔乳油100~150毫升，有较好的防治效果，对马唐也有一定效果，但稗草、狗尾草等禾本科草反应不敏感。在气温低、土壤墒情差时施药，除草效果不好；在气温高、土壤墒情好、杂草生长旺盛时施药，除草效果好。若禾本科草与阔叶草混生，且发生量较大，达尔克可配合使用盖草能、稳杀得等除草剂，最好错开单独喷施，根据草情喷1~2次。草莓地防除阔叶杂草须慎重，要针对草莓的生长发育时期，选用不同除草剂，并调整除草剂用量。24%克阔乐每667平方米20毫升对水30升均匀喷雾，能有效防除马齿苋、反枝苋、灰绿藜等阔叶杂草。当禾本科杂草与阔叶杂草混生时，克阔乐和精稳杀得要错开施用，二者避免混桶，否则会产生药害。

# 参考文献

陈怀勐，赵彬，刘瑞冬，等.2012.草莓现代化高效育苗技术 [J].中国蔬菜（11）：50－52.

邓兰生，张承林.2015.草莓水肥一体化技术图解 [M].北京：中国农业出版社.

郝保春，李茂昌，褚凤杰，等.2000.草莓生产技术大全 [M].北京：中国农业出版社.

郝保春，杨莉.2012.草莓病虫害诊断与防治原色图谱 [M].北京：金盾出版社.

何水涛，张运涛，陈汉杰，等.2003.优质高档草莓生产技术 [M].郑州：中原农民出版社.

李吉银.2015.设施日光温室绿色草莓滴灌施肥技术试验研究 [J].中国园艺文摘（6）：10－11.

李军见，王富荣，王艳丽.2015.草莓 [M].西安：陕西出版传媒集团三秦出版社.

廖华俊，董玲，宁志怨，等.2013.脱毒草莓高架自营养高效育苗技术研究 [J].安徽农业科学，41（5）：1 985－1 988.

唐梁楠，杨秀瑗.2004.草莓无公害高效栽培 [M].北京：金盾出版社.

王久兴，贺桂欣，李清云，等.2004.蔬菜病虫害诊治原色图谱草莓分册 [M].北京：科学技术文献出版社.

吴禄平，张志宏，高秀岩，等.2003.草莓无公害生产技术 [M].北京：中国农业出版社.

张选厚，贾社全，李军见，等.2007.草莓设施无公害栽培技术 [M].西安：陕西科学技术出版社.

张运涛，王桂霞，董静，等.2008.无公害草莓安全生产手册 [M].北京：中国农业出版社.

周厚成，王中庆，赵霞，等.2010.草莓新品种及栽培新技术 [M].郑州：中原农民出版社.

周厚成，文颖强，赵霞，等.2008.草莓标准化生产技术 [M].北京：金盾出版社.